《知识就是力量》杂志社

科学普及出版社
·北　京·

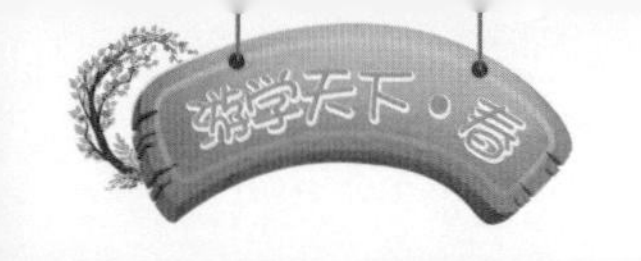

目录 contents

京西古道，早春寻花

撰文 / 年高

清明假期，春风阵阵，乍暖还寒时节，约上三五好友，去京西古道走走。古道沿途各种历史遗迹众多，既可以遥想当年古道上熙熙攘攘的热闹场景，又可以体会“枯藤老树昏鸦，小桥流水人家，古道西风瘦马”的萧瑟气氛。但这远远不够，除了访古，我们还要踏春，京西古道是找寻北京春日开花植物的好路线，一般人我可不告诉他哟！

北京西边有延绵起伏的山，总称为西山，是北京城一道天然的屏障。永定河从西北向东南斜穿而过，在大概2500万年前的构造运动中，形成了险峻的官厅山峡。官厅山峡河谷的形成，为人类最早进入西山提供了天然通道。河谷天然通道和山间人行小径，以及后来人类为了客货运输不断修建的道路，便组成了著名的京西古道。京西古道既是交通要道，也是商旅要道，还兼着军事防备的功能，在古代的地位非常高。如今，现代化交通改变了京西古道的重要性，这里不再人声鼎沸，却成为我们访古寻幽和徒步锻炼的好去处。

◎ 京西古道旁的小药八旦子

盛开的桃花

古道边飞翔的“小蓝鸟”

京西古道是一个道路交通网络，包括几十条路线，这次我们走的是西山大路，以圈门为起点，潭柘寺为终点。以圈门为起点向西到峰口庵，是一条 6.5 千米长的沟谷，当地人称这里为门头沟，今天北京门头沟区的名字便是由此而来。圈门这个地方则是因为一座带券洞的过街楼而得名，这个过街楼依旧保存得很好，被当作门头沟之门。

我们沿着蜿蜒的水泥路向村子后面的山中走去，四月初，圈门村里种的桃花正在盛开。正儿八经的桃花期比山桃要晚得多，桃树开花时嫩绿的桃叶也出来了，而山桃开花的时候叶子还没出现呢！到秋天这两者的区别就更明显了，山桃的果肉干瘪、离核，而桃果大且汁水丰厚，是我们喜欢的水果。

○ 古道寻花最主要的目标——小药八旦子

从圈门村穿过，来到一处被称为天梯的地方。这里是直上直下的峭壁，有人在上面凿了一级级的石阶。拾阶而上，需要手脚并用，虽然天梯不长，但也惊险，颇有华山天梯的风范。

就在天梯的附近，我看到了这次古道寻花最主要的目标——小药八旦子。属于罂粟科紫堇属的小药八旦子广布于华北地区，向西直到甘肃。虽说并不少见，但在北京，它和槭叶铁线莲、款冬、辽吉侧金盏一样，都属于神级一般的植物。因为它的模式标本（命名时采集的标本）是采自北京，所以它也被叫北京元胡，但在《北京植物志》上它曾被误当成全叶延胡索，所以很多人都找不到这种传说中的植物。后来有人发现北京西山还分布着不少小药八旦子，它的“神秘”踪迹才被人所发现。

○ 天梯

○ 小药八旦子的花像飞翔的小蓝鸟

北京最佳观察小药八旦子地点莫过于这次我们走的京西古道了，只见这一朵朵小花像一只只蓝色的小鸟腾飞在一片片圆形叶子的绿色海洋之上，蔓延成一片蓝色波涛。我们蹲下仔细观察这一朵花，花瓣是浅蓝色的，上花瓣往后翘起延伸成了一个帽尖一样的东西——距。里面有两片连合的小花瓣，用小镊子打开这两片小花瓣，花药和柱头展露出来，构造非常精巧。小药八旦子的花除了天蓝色外，还有蓝色甚至蓝紫色，颜色都很美。风吹过来，花也随着轻轻颤动，刚才爬天梯时出的汗也在这温柔的春风中消散。

○ 峰口庵关城

山杏与蹄窝，关城存遗风

我们继续沿着古道往前走，这一段古道很明显，青石砌成，被人们踩得光滑照人。这段路走起来也辛苦，坡度大，左右盘旋，当地人称“十八盘”。仔细观察古道的路面会发现，每隔 1 米至 1.5 米便有一排条石突出路面，有了这些突起的条石，行人和牲畜走在这些光滑的路面的时候能找到使力点而不至于摔倒。

走过这段“十八盘”就到了峰

这处长了好几棵大山杏，仍在开花。山杏也是北京春天最常见到的开花植物之一，它和我们吃的杏长得很像，只不过它的花是两朵并生，杏是一朵单生。和山桃一样，山杏的果肉特别酸涩，并不好吃。

站在峰口庵关城眺望群峰，沟壑间缀着不少粉色，也许是山杏，也可能是单瓣榆叶梅。

从峰口庵关城向左拐没几步，就是京西古道上著名的"蹄窝"，石头路面上有百来个大大小小、深浅不一的凹陷，据说是古道上的马帮长年累月踩踏而成。如今虽然古道不复繁荣，但看着蹄窝，昔日的景象也能联想一二。

○杏花

口庵关城，关城就是古代建造在有利防守地形的军事建筑，有大有小，大的如居庸关、嘉峪关等，小的就是我们看到的把守京西古道的这种峰口庵关城了。如今关城只剩残缺的门洞，东北侧有些房屋建筑残迹，估计是驿站或驻军宿舍吧！峰口庵

○ 京西古道的蹄窝

知识链接：
蹄窝是如何形成的

关于京西古道上蹄窝的成因，如今也没有定论。有的说是流水作用，有的说是牲口长年累月踩踏，甚至有的说是冰川作用。我们现场看了一下，这里的岩石是粉砂质泥岩，略有变质现象，每个蹄窝都是接近垂直的凹坑。经过考察我们推测，这些蹄窝的形成应该是古道上的牲口运煤运货踩踏而成。因为泥岩较容易物理风化，驮着沉重货物的驴和骡子在光滑的路面上习惯性用力蹬踏，踩在已经形成小凹坑的地方使力，久而久之，最终磨出如今这一个个蹄窝。

寻找早春的小花仙

过了蹄窝，早春开花植物越发丰富起来。首先是长在古道石条间隙的少花米口袋。少花米口袋是豆科植物，花紫色，全株有白色的小毛，低矮贴着地面。这个古怪的名字是

从它的果实来的，结的荚果成熟后就像一个装了米的小口袋。

在向阳处还能寻见一种乍一看和少花米口袋挺像的植物——糙叶黄芪。它也匍匐在地上，花是白色的。和少花米口袋一样，糙叶黄芪也是豆科的植物。有人看到灌木丛里长着一棵怪异的“蒲公英”，把我叫过去，到了一看，原来是一棵桃叶鸦葱。桃叶鸦葱的叶子是长条的，跟宽面条似的，边缘带着波浪皱褶，根茎粗大，不小心碰断它的叶子，白色的汁液流了出来。野外有不少植物花看着挺像蒲公英，但需要我们去辨识哦！

○ 少花米口袋

◎ 糙叶黄芪

路边还不时遇到一种开着白花的菊科植物——大丁草，这种小草最有趣的地方在于它有春和秋两种截然不同的形态。春天就是我们眼前这种，莲座状的基生叶，椭圆形，开白色的小花。可到了秋天，植株高达 30 厘米，叶是长椭圆形或者倒披针状。秋花也大，而且花居然成了紫红色。不少植物都有这样的“变异”功能，为的是结出种子，保证下一代的繁殖。

走了大半天，进行短暂的午休。

午休之后下一站是雷达站，那附近有一片向阳开阔的草坡，我想在那里寻找此行的另一种目标植物——白头翁。白头翁是毛茛科白头翁属植物，为多年生草本。全株都长着细细的白色柔毛，花紫色，像长了毛的小郁金香。雌蕊群黄色，挤在中间，甚是好看。为什么这么可爱的花会有这么老气纵横的名字呢？等花后你再遇见它就明白了，白头翁的瘦果宿存花柱是羽毛状的，一缕缕银丝挨成一团，风吹来，凌乱不堪，的确像个白发老翁呢。

◎ 大丁草

◎ 白头翁的花

从雷达站下行，前方就是此行的终点潭柘寺，花没看够？别着急，路上还有许多花儿等着我们呢！刚走几步就看到了一种“奇葩”植物，为数不多的木本菊科植物——蚂蚱腿子。我们熟悉的菊科植物，例如蒲公英、非洲菊等都是草本植物，蚂蚱腿子却是落叶小灌木。它的花很小，而且雌花和两性花不长在一起。雌花是粉紫色的，两性花则是白色的。

蚂蚱腿子的雌花

蚂蚱腿子的两性花

下行走到防火道，路边有不少早开堇菜。早开堇菜是北京春天最常见的野花，城区荒地上常见大片生长。早开堇菜的花跟前面的小药八旦子一样也有一个距。这个距是由最底下的花瓣向后延伸形成，位

◎ 红花锦鸡儿

置靠下的两根雄蕊上有细细的蜜腺，一直伸入到距之中，这里就是吸引昆虫的花蜜储藏室。当贪吃的昆虫被吸引过来，停靠在花瓣之上，将自己长长的口器深入距中偷取花蜜。这时，跟花比起来重量比较大的昆虫会挤压到堇菜的柱头上面，柱头受到了压力，会撑开将雄蕊围起来的药隔延伸物，花粉就像倾洒的面粉从这个口中漏出去，沾到昆虫身上，机关精妙得令人赞叹。同时花柱里还有一个装着无色透明黏液的小房间，当昆虫挤压柱头的时候这些黏液就会渗出来，粘住昆虫从另一朵花上带来的花粉。等到昆虫飞走，花柱将另一植株的花粉带到里面，非常巧妙地完成了授粉！

快到潭柘寺的时候，我们还在灌丛里看到了另一种正在开花的物种，豆科的红花锦鸡儿，这个种是花叶同放的。对于开着黄花却叫红花锦鸡儿这个名字，不少同学表示抗议。但是，再过一周，等到花快谢的时候黄花会变红花。植物学家命名的时候也许正是看到了快谢的花吧！穿过村子，就来到了潭柘寺的后山，潭柘寺可是北京市最古老的寺庙，都说“先有潭柘寺，后有北京城”，里面古银杏，古松柏，古建筑都很值得好好看看。

潭柘寺后山松柏森森，经过大半天的徒步，我们都累了，在此歇歇脚，听春风吹过松林，整个人就放松了。这次春天的古道寻花活动，让我们既了解了京西的历史发展，又看到了具有代表性的春日野花，一路上总是不时有惊喜出现。

昆虫给花授粉

早开堇菜

同样是灌木开花的还有虎耳草科的大花溲疏，这种灌木在郊区颇为常见，往往还长成一片。花白色，每朵约有一个一元硬币大小，花都盛开时洁白如雪，非常惊艳。

有眼尖的朋友还看到了路边一种很有趣的植物，它的花紫色，像一个倒挂的小钟，黄色的花蕊伸出花外，好玩的是这个“小钟”朝上的位置还有几个微微往里弯的小距。这就是春天多见的另一种毛茛科植物——紫花耧斗菜。北京还有一种更好看的耧斗菜叫华北耧斗菜，夏季爬山时林下经常能遇到，希望大家见到时能认识哦！

紫花耧斗菜

大花溲疏

○ 正午光最强的时候拍摄的迎红杜鹃，光穿透花瓣，让每一朵花都显得那么剔透

给花儿留个影

撰文／年高

春天到来，漫山遍野的花开始绽放。把喜欢的花拍下来，是许多人观察和认识植物的最佳途径。持有普通的数码相机、手机，只要在拍摄的时候注意一些小技巧，让你成为拍花达人。

选择干净的背景

杂乱无章的背景很容易让你看不清拍摄主体，也突出不了主题。所以我们在拍摄植物的时候尽量选择干净的背景，或者把镜头的光圈开大，虚化背景，突出主体。同样是拍摄花这种植物，图1因为背后都是灌丛，拍摄之后这些美丽的蓝

图1

图2

色花朵显得很无序。图 2 则选了背景是低矮的草丛拍摄，花那美妙的蓝紫色花朵就被突显出来了。

选择适合的光线

傍晚5点时拍摄的药用牛舌草，夕阳的余晖正好落在它身上，此时的光线有点偏暗、偏蓝，让画面产生一种忧郁和神秘感

每天早晨和傍晚太阳角度较低时，色温低，反差大，光线柔和，在这两个时间拍摄植物会让画面看起来更舒服。中午的光线太强，就要好好利用，拍摄一些花瓣比较薄的花朵，让光线透过花瓣能拍出一种透明的效果。

◎ 早晨6点半拍摄的水蔓菁，晨光洒在花朵上，画面散发出一种温柔的气息

选择合适的角度

许多植物，尤其是野花都长得很低矮，需要你去选择一种和植物平等的角度，能更好地展示花儿的形态。像早春时最常见到的早开堇菜，植株5厘米左右，如果不放低视角去拍，就无法拍出早开堇菜的样子。拍摄一种植物的时候可以拍这样三张照片，一张是花朵的特写，一张是植物的全株照，还有一张是植物生长的环境照，通过三张不同角度的照片能把植物生长的细节和环境都表现出来。例

如，右边的蓝刺头，通过特写拍出一整个蓝刺头的花序，再拍一张植株照，能看到开放程度不同的蓝刺头，最后一张生长环境照能展现蓝刺头喜欢生长在向阳的草坡上这一特点。

蓝刺头

抓住特定的时机

抓住一些特殊的时机能让你的花朵生动起来，例如，雨后的花朵带着晶莹的水珠；采蜜的昆虫停靠在花朵上等。例如，这只北京夏天常见的柑橘凤蝶正在一丛千屈菜上采蜜。

柑橘凤蝶在一丛千屈菜上采蜜

构图的思考

当我们拍摄花朵时，利用微距镜头拍摄花儿的特色，让花朵适当充满画面，能带来较强的视觉冲击感。相机聚焦在前面的一朵小花上，而后面的一片花朵都虚化成星星点点，既能看出花海的效果，也能突显这一枝花的特点。画面的花超过三朵，尽可能选择一种吸引人的布局，比如，将花朵排列成三角形或者一种几何形状，或者调整相机角度，让花朵排序有前后，或有曲线，都能让影像呈现出不同的效果。

利用微距镜头拍摄的早开堇菜

给花拍照也要注重科学性

我们提倡植物拍摄要反映真实生态，所以选择正常的拍摄主体很重要。本来花叶不相见的石蒜，你把它摘了插到别的叶丛中拍，红花配绿叶，好看是好看，却违背了反映真实生态这一点。比如，照片中的北京特有植物——槭叶铁线莲，它的花瓣一般是6片，但也有8片的。如果你选择了那朵有8片花瓣的花来拍特写，很容易会让人产生对这个植物认识的误解，所择正常的拍摄主体。

正常的槭叶铁线莲是6片花瓣

其实拍摄只是记录和展示大自然的一个手段，重要的是我们能通过拍摄这些植物更好地认识它们，从而了解到自然的丰富和美好。小伙伴们，还等什么呢？现在就开始，随时拍下你身边的春花吧！

8片瓣的槭叶铁线莲不适合拍特写

三月，春的序曲

撰文·绘图／年高

三月的北京，一派春暖花开的景象。随着气温的逐步升高，小麦返青，土壤完全解冻，河道冰融，垂柳芽膨大，昆虫开始活跃，从山桃花开一个月之间，许多的植物都纷纷绽放自己的花朵，迫不及待地享受着早春的暖阳。

赤颈鸫

惊蛰是三月的第一个节气，冬天昆虫会蛰伏，直到三月天气回暖才会出来活动。在古人的记载中，惊蛰这天常伴有第一声春雷，人们便将雷声当作唤醒万物的信号，所以也为这个节气取名“惊蛰”。但真正使冬眠动物苏醒的，并不是轰隆的雷声，而是上升的气温。仔细观察，我们能在植物的花朵上发现成群的蜜蜂在忙着采蜜，成虫越冬的黄钩蛱蝶也开始在花间游荡。

堇菜属植物争艳

开花植物是这个季节的主角，早开堇菜是当中最常见的一种。早开堇菜是堇菜科堇菜属多年生草本植物，分布于我国东北、华北等地。堇菜科的植物开花都比较早。

早开堇菜的花乍一看，像一顶小小的紫色“巫师帽”，就像《哈利·波特》中出现的一样。除了张开的花瓣像帽檐外，后面还带着个“帽尖”，这就是堇菜属植物的“距”。这个距里面装着吸引昆虫前来授粉的花蜜。当昆虫前来采蜜时，也会将堇菜的花粉粘在身上，带到另一朵堇菜上，从而不知不觉地完成授粉的过程。

早开花的堇菜

紫花地丁是另一种堇菜，它和早开堇菜几乎长得一样，而且它们生长的环境也几乎一样，人们很难区分开。这两种植物的亲缘关系很近，但是在遗传特性上有区别。早开堇菜的叶片比较宽、偏圆，像一把小扇子，而紫花地丁的叶子狭长，像柳叶一般。从两者的花距看，早开堇菜的距比较粗，而紫花地丁的距比较细。如果单靠颜色，你会“傻傻分不清楚”。

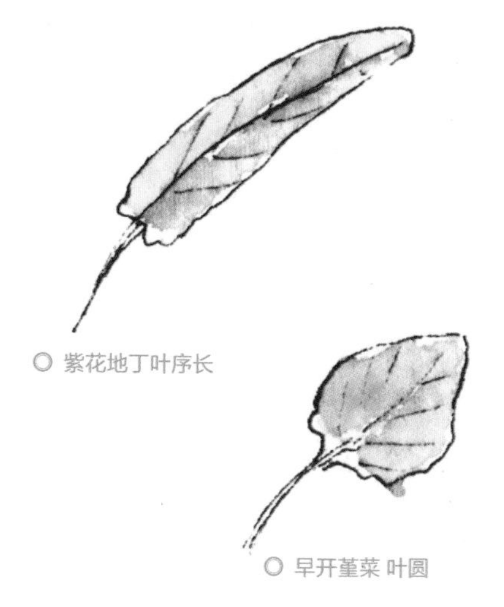

○ 紫花地丁叶序长

○ 早开堇菜 叶圆

○ 早开花的堇菜

在北京的街头，山桃还是比较容易见到的。每年，它们都在春分前后盛开。仿佛一夜之间，满树都是粉色的花朵。尤其是颐和园西堤上的山桃，盛开时灿若云霞，将这座皇家园林映衬得更有生趣。

如果将一朵山桃花做个解剖，完全可以用作观察花器官的学习材料。它的花托、花瓣、雄蕊群、雌蕊以及相连的子房（发育为果实）都较为明晰。

◎ 紫花地丁

早开堇菜和紫花地丁都可以入药，具有清热解毒、凉血消肿、清热利湿的作用。除了城市里常见的这两种堇菜属植物，北京还分布着其他许多种，常见的就是细距堇菜、北京堇菜、裂叶堇菜、斑叶堇菜和双花黄堇菜等，它们都生活在人类活动较少的地方，都有着“巫师帽”一样的小花。

山寺桃花始盛开

山桃也是三月当仁不让的主角。春分山桃开，是华北地区重要的物候之一。

山桃花 ◎

与山桃花的花期相邻，也最容易“张冠李戴”的就是山杏了。分辨山桃和山杏，那就是看花萼是不是往外翻卷，不翻的是山桃，翻卷的就是山杏。

山桃的果实只有类似脚拇指的大小，果肉薄而不适宜食用，我们吃的桃并不是它长出来的。桃花盛开的时间更晚，要到四月份，桃花的花朵颜色也比山桃艳丽。

每当山桃花开的时候，杨树那毛毛虫一般的花序也会落得满地都是。等到山桃花期过后，榆钱也长出来了，圆圆扁扁的小翅果特别萌。这时候，荠菜也渐渐露出心形的角果。紧接着，梨、李、杏、榆叶梅、紫叶李、美人梅也都随之开放，春天最灿烂的时节就要来到。

春江水暖鸭先知

温暖的春天最适合外出观鸟，到奥林匹克森林公园转转，能看到水里成群结队的绿头鸭，其雄鸭嘴呈黄色，头和颈部是漂亮的辉绿色，在阳光下闪闪发亮，美极了。

当我们走近时，它们被惊扰飞了起来，落到更远的水面，在阳光下把头埋到翅膀中，睡起了觉。不过绿头鸭睡觉时可是“睁一只眼闭一只眼”的，这是为了控制大脑部分保持睡眠、部分保持清醒状态，这种习性能帮助它们在危险的环境中警惕其他动物的捕食。绿头鸭是

北京市区最常见的水鸟了，大家都喊它“野鸭子”。不过市区里见到的许多绿头鸭是和家鸭杂交繁殖的后代，如果人走近，它们仍然能悠闲自得地游水，那么大多就是这些杂交的绿头鸭。

水面上，时而还有像小鸭子一样的动物，却时不时突地一下钻到水底，当你还盯着原处看时，它却突地从别处钻了出来。这种可爱的小水禽叫“小䴙䴘”，是北京湿地最常见的鸟类之一。

再往树上看，白头鹎站在榆树上“偷吃”榆钱，叫声婉转动人。旁边一棵柏树上站着一只赤颈鸫，我仰望着，正好能看到它的喉及上胸标志性的红棕色。见有人来，这只赤颈鸫立刻警觉起来，发出带喉音的“gege”声，拍拍翅膀就飞走了。

绿头鸭

三月就是这样一个充满生机的月份，万物生机勃勃、欣欣向荣，如一曲和谐的春季交响。若待到四月，更会是一片繁花似锦。

三月里的“独唱”

撰文 / 张海华　绘图 / 张可航

◎ 墙脚树莺鸣叫

江南三月，草长莺飞，真正的春天来了。星星点点的野花，好像一夜之间从地面冒出来了。鸟儿们的歌唱表演已沉寂了一整个冬天，而煦暖的南风仿佛送来了清甜的润喉剂，让小鸟忍不住秀一秀美妙的嗓音。

下面，让我们感受一下春之序曲的美妙独唱吧！

“你回去，我不回去”

◎ 墙脚树莺

早春的阳光下，行走于山间小路，忽然听到灌木丛里传来独特的鸟鸣：先是一阵持续、悠长的上升音——“weee”，接着声调突然急转直下，以干脆利落的爆破声——“chiwiyou”结尾。稍停片刻，“weee，chiwiyou！”这歌声又反复响起。

这是《中国鸟类野外手册》上对强脚树莺叫声的描述，大家可以试着用英文发音读一读，真的很形象。

强脚树莺在中国南方分布广泛，但往往只闻其声而不见其鸟。它比麻雀还娇小，常年披着一件暗褐色的旧外套，胸腹部较白但也染着一点褐黄。幸好，它浅色的眉毛与尖细的喙，总算让它看上去多了点机灵劲。它打扮得如此低调，以深居简出而闻名。强脚树莺绝不轻易抛头露面，常隐藏于浓密的灌木丛中，轻巧地跳来跳去，觅食昆虫之类。

蛙声十里出山泉

○武夷湍蛙

2016年三月初，我在四明山中拍野花，忽然，从一旁的深涧中老远传来了“桀，桀”的蛙鸣声。这是武夷湍蛙率先鸣叫了。每年，都是它拉开了蛙鸣的序曲。

顾名思义，湍蛙就是生活在湍急溪流中的蛙类。在中国南方，武夷湍蛙与华南湍蛙是最常见的两种湍蛙，同时也是很难分辨的两种蛙：它们体型差不多，全长5厘米左右；皮肤都比较粗糙，体色也差不多；习性也类似，都生活在山区溪流中。

空谷幽兰独绽放

鸟和蛙都会鸣叫，自然可以称之为独唱。而野花默然无语又怎样歌唱呢？你若在野外见过中国极稀有的野生兰花之一——独花兰，相信一定会“听”到她那美妙歌声。这无言的声音，乃是对大自然的礼赞。

在长江中下游地区，一年中最早开放的兰花是春兰，二月就开花了。其次，就该是独花兰了，它的盛花期在3月下旬至4月。

与名字相符，一株独花兰只开一朵花，叶片也只有1片。花朵和叶片都是从地下根茎中直接抽生出来。林海伦仔细观察这株宝贝兰花：花的直径约4厘米（属于花朵较大的兰花种类），宽阔的淡紫色唇瓣上有深红色的斑点，使整朵花显得高贵典雅；唇瓣下面有一个漏斗形的“距”——那是独花兰贮存花蜜的器官。

念念不忘，必有回响。

我宁愿相信，早春时节，在静寂的深山荒野中，无意和众芳争艳的独花兰悄然绽放，仿佛一曲轻弹，只送给痴心寻觅她的人听。

○独花兰

峭壁上的精灵：槭叶铁线莲

撰文·摄影／陈海滢

春日里的北京是蔷薇科植物的竞艳舞台，桃花、杏花、樱花、梨花……你方唱罢我登场，把四九城装点得热闹非凡。而正当此时，在京郊山区的峭壁上，一种飘逸雅致的野花正在孤傲地绽放，它就是“长在深山人未识”的槭叶铁线莲。

因奥运而闻名的“北京特产”

槭叶铁线莲，学名为 Clematis acerifolia，在分类学上，与我们熟悉的牡丹、芍药同属于毛茛科。中国关于铁线莲最早的详尽记载，可以追溯到距今 400 多年的明朝天启年间，王象晋在其所著的《二如亭群芳谱》中曾记载：铁线莲与西番莲的花和叶十分相似，但“花心黑如铁线”，由此得名。此后，清代的《花镜》《植物名实图考》以及《广群芳谱》中也有相关的记载。如今，仍有说法认为铁线莲“茎棕红色似铁丝，花开如莲，故此得名”。然而，这些说法究竟对不对呢？

◎ 北京另一种特有的植物，北京水毛茛

槭叶铁线莲的名称得来，实际是由于叶子与槭树相似，事实上，它的种加词 acerifolia 本身就是槭树叶子的意思，这是目前最明确的证据。这一物种的模式标本早在 1879 年就由俄国从事药学研究的医生布莱茨克尼德（E • Bretschneider）博士在北京郊区的百花山附近采集到，在 1897 年，又由俄国植物分类学家马克西莫维奇正式发表。

◎ 盛花期的槭叶铁线莲

但百余年来，它一直籍籍无名，直到迎来了一个特殊的契机：2008年北京奥运会前，有人提议，奥运颁奖花卉应该选用北京特有的植物，而北京虽然是全国的政治中心，但在生态上地位并不独特：在北京仅有的三种特产植物中，“北京水毛茛”是水生植物，难以应用；“百花山葡萄”的花又并不显著；最终，美丽雅致的槭叶铁线莲成为焦点。

虽然由于引种栽培困难等原因，槭叶铁线莲最后并未在奥运赛场上崭露头角，但却成功地让公众了解到：北京还有这样一种独特而美丽的植物。

很长时间以来，槭叶铁线莲都被认为是北京的特有植物。甚至在1984年出版的《北京植物志》中，还将它表述为“特产于北京”。此后，人们在河北省的太行山区以及河南省的部分地区也陆续发现了它的踪迹，槭叶铁线莲褪去了“北京独有”的光环，但这仍然无损于它的魅力。

看，峭壁上的精灵！

大概在十年前，我在翻阅植物志的时候偶然了解到槭叶铁线莲的存在，但因为图稿和印刷的限制，并未特别留意。直到槭叶铁线莲因奥运而名声大噪，有媒体朋友找我索取图片时，才动了拍摄的念头。

最初，我曾和朋友结伴到房山寻访，翻山越岭后仍无所获，只好

槭叶铁线莲开花以后进入结实期

失望而归。后来我才知道是因为花期把握不准，才与之错过。幸而，有朋友给我指点了可能是北京唯一一处交通便利的观察点，就在某国道附近。当我第一次亲眼见到槭叶铁线莲时，那粗糙厚重的岩壁与娇美花朵形成鲜明的对比，让人禁不住感叹，也许正是在岩缝中深深扎根的坚韧，才成就了它超凡脱俗的美丽。

此后，每年的花期，我都会去探访这些峭壁上的精灵，从不同的角度去观赏和拍摄它们，看着熟悉的位置上重新又绽放出新的花朵，仿佛老友重逢，格外温馨。

槭叶铁线莲这种小灌木喜欢在岩石缝隙中低调地生长着，多年的成果也就是矮小的一桩。可只要春天的气息稍稍渗入了石缝，它便开出一片闪亮。当它们盛开时，整面崖壁都会被装点得生机勃勃，是早春难得的胜景。

◎ 正在逐渐开放的槭叶铁线莲，可见部分花朵微呈绿色

◎ 生长在岩壁上的槭叶铁线莲

槭叶铁线莲是直立小灌木，一般高 30 ～ 60 厘米，它的生存环境非常独特，大多生长在北京房山、门头沟等石灰岩山地的悬崖峭壁上，因此，被当地人称为“崖花”。由于槭叶铁线莲分布区域极其狭小，种群数量稀少，并且具有独特的生长特性和生境，在北京的野生植物中非常特别，具有很高的观赏和科研价值，因此被收录到《北京市重点保护野生植物名录（一级）》中。

在京郊的山谷中，槭叶铁线莲在岩石的缝隙间顽强地生长着，一点点风化或堆积的土壤，就足够让它将根紧紧扎下。在平日里，它隐藏在苍郁的树木野草之后，低调地掩蔽着自己的身形；而当冰雪初融、万物萧条的早春到来，山间还是一片灰黄色调之时，它们就已经顶着料峭的春寒，在岩壁上展叶开花，成为京郊初春开放的野花之一。人们在欣赏它的美丽的同时，也不禁赞叹它的风骨。

槭叶铁线莲的花美丽优雅，它的神奇之处在于它的花其实不是由花瓣组成，而是由花的萼瓣组成，一般为 5~8 片，以白色为主，有时带有粉红色或绿色，在花的成长过程中，会变幻出丰富迷人的花色和形态。

由于生长环境的特殊性，欣赏槭叶铁线莲的风姿往往要到人迹罕至之处，经过翻山越岭甚至是攀登绝壁后，才能一睹它们的芳容，令很多人望洋而兴叹，而偶有生长在道路附近的槭叶铁线莲，得以让人们能在近处观赏到，便被花友们视若珍宝。

槭叶铁线莲的“邻居”也非常独特，它经常与虎耳草科独根草属的独根草（*Oresitrophe rupifraga*）相伴而生。独根草也是中国北方特有的物种，在本属里就只有它这一个物种。由于它的茎呈根状，又长得十分粗大，故此得名。

槭叶铁线莲的花和叶簇生，在传统上被认为与绣球藤的亲缘关系较近。不过，事实并非如此。首

蛾子在铁线莲上驻足

○花儿星星点点地盛开，是孤寂的绝壁上一抹难得的亮色

先，槭叶铁线莲的其他性状——灌木矮小、单叶呈掌状分裂、萼片常多于4片等——不仅与绣球藤组的植物非常不同，即使在整个铁线莲属中，都是非常特殊的。其次，从地理分布区上看，槭叶铁线莲的分布区位于华北，而绣球藤组的其他种类则位于我国西南到中西部地区，差距也比较大。另外，根据最新的基于分子生物学的研究结果，

科研人员倾向于认为，结合槭叶铁线莲的形态特征、适生环境和地理分布等因素综合来看，槭叶铁线莲有可能是铁线莲属中分布于北温带的古老类群的孑遗种，这样看来，槭叶铁线莲不仅有欣赏价值，更具有相当重要的生物学意义和历史价值。

由于槭叶铁线莲对生长环境要求十分严格，它只生长于直上直下的悬崖峭壁上，如果有人想一睹它的风采，则必须要有足够的勇气与坚韧的毅力去翻山越岭，攀登绝壁。

正是这样的挑战，才为这种绝壁之葩增添了更为神秘绚丽的色彩，也吸引着更多花友心向往之。

庞大的铁线莲家族

铁线莲类植物在毛茛科下自成一属，包含大约 300 个物种，形态十分多样，它们有的属于草本、草质藤本，也有的属于多年生木质物种或者直立的灌木，类型极为丰富。线莲的属名 Clematis 源于古希腊语，意为“藤蔓状”，可见很多野生铁线莲和园艺种类都可以作为绿篱上的攀缘花卉。因而，它们也被誉为“藤本皇后”，受到全世界爱花人的关注和推崇。

目前，铁线莲园艺品种已经超过 3000 种，虽然多数育种工作在欧美、日本和澳大利亚等地进行，

棉团铁线莲

大花铁线莲

但铁线莲园艺变种的主要亲本大多出自中国。据日本古籍《花坛纲目》《花坛地锦抄》和《草木弄葩林》等书记载，日本的许多铁线莲属植物是由中国传入的。1776 年，铁线莲经日本传入英国。19 世纪，英国从世界各地相继引种了很多种铁线莲，包括中国的转子莲、毛叶铁线莲等，为铁线莲的遗传育种提供了优质的种质资源。

铁线莲的野生种是其种质资源的重要组成部分，也是进行持续研究和开发的基础。铁线莲属约 300 个物种中，有 147 种在中国有分布，更有 93 种为中国所特有。在中国北方地区的野外，我们能经常见到棉团铁线莲、大花铁线莲、芹叶铁线莲、短尾铁线莲等多个物种。每年自早春至深秋，色彩不同、姿态各异的铁线莲们，在神州大地的山谷和原野次第绽开。

北京地区自然分布的铁线莲属植物有十种左右，但分布仅局限于

清晨的铁线莲

山坡、林缘等地，几乎没有人工种植，应用形式较少。槭叶铁线莲可称得上是其中的佼佼者，如果能够成功将其引种驯化，实现人工栽培繁育，将可作为一种独特美丽的观赏花卉供园林使用，这对于我们进行垂直绿化以及改善园林立体空间，将十分有价值。

槭叶铁线莲的独特和罕见，让人们对它非常珍视。遗憾的是，随着名声日盛，近年已经出现了盗采槭叶铁线莲的情况，这对它本不算繁茂的种群构成了严重威胁，希望大家能对槭叶铁线莲和它脆弱的生长环境给以呵护，让人们能长久地在山岩峭壁间，欣赏到这种精灵的风姿。

◎ 槭叶铁线莲每年都会在同一个位置开放

◎ 棉团铁线莲

知识链接：峭壁上的一级保护植物

槭叶铁线莲花期是四月，果期是五月至六月。它的花朵大而美丽，且分布地点独特，主要呈零星状分布于海拔 300 米左右低山陡壁和山坡上，因此具有很高的观赏和科研价值，被列入北京市一级保护植物名单，同时它特有的生活习性——只生长在是石灰岩的山地，而且一定是悬崖峭壁，让它更为奇特。

用镜头寻访槭叶铁线莲

撰文·摄影／陈海滢

早春时节，生于山区岩壁、花朵洁白雅致的槭叶铁线莲成为摄影师们趋之若鹜的对象，很多花友为之着迷。去京郊寻找这种传说中的植物并拍摄照片，似乎成了十分令人期待的野外行程。那么，怎样用镜头寻访到这迷人的身影？今天就推荐给大家几个妙招！

◎侧逆光下，花瓣的质感和色彩得到完美表现

选择合适的时节

北京地区的槭叶铁线莲的花期大致在四月上旬到五月初，因为气象条件的不同，每年会略有变化，花友们需注意当年的物候状况。槭叶铁线莲的盛花期仅能持续一周左右，因此必须抓紧时机。当然，在不同的时节，循环拍摄铁线莲从萌发到开花结果的不同阶段，也是非常有价值的。

记录生态环境

生态是物种与物种、物种与其生态环境间的相互关系，而生态摄影就要用摄影的方式来表现这种关系，记录下被摄体的生态环境，如生长位置的地质地貌情况、伴生的植物动物等。记录这些不但保存了更多信息，也使作品具备了更高的科学价值。

选取深色岩石作为背景，可以凸显槭叶铁线莲的色彩和质感

械叶铁线莲的微距特写

光线的把握

械叶铁线莲花瓣为半透明质，因此逆光和侧逆光最有利于表现它柔美的质感。拍摄械叶铁线莲的最理想天气是较为明亮的多云天气。在这种天气下拍摄，画面较柔和，阴影不会太生硬，而同时又有一定的光线能塑造反差和质感，最为理想。此外，晴朗天气的日出日落时分，暖色的低角度光线也有助于刻画被摄体的细节；阴天的漫射光反差较小，对于表现细节和细腻质感也可以选择。一定要避免在晴朗天气下

拍摄不同景别，多方面表现生长环境

◎ 虚实相结合，利用浅景深突出主体

太阳角度较高时拍摄，这时阳光直射，反差过于强烈，容易使照片缺乏层次，色彩显得苍白，缺乏活力。

由于槭叶铁线莲的生长环境独特，大部分时间光线都会被岩壁所遮住，摄影师必须经过实地考察，甚至多次尝试，才能找到最好的拍摄角度。

精心构图

对于槭叶铁线莲这样静态的被摄体，构图尤为重要，只有精心设计画面，排布视觉元素，才能展现出它们独特的品质。

在构图上，首先要注意处理好主次的关系，用各种方式去突出主体，避免同时表现过多的元素，否则会陷入主次不明、画面凌乱的困境。在主体的位置选择上，一般而言， 不要把它放在画面的中心，我们可以从传统的“三分法”入手，利用偏离中心的花朵、植株将观众的目光引入画面。槭叶铁线莲的植株往往会向山岩外延伸，可以有意识地尝试将它放置在对角线的位置上，来营造画面的动感。

虚实相衬

人类视觉的一个重要特点，就是可以自动把注意力“聚焦”到主体，忽略周边环境，而相机必须依靠我们的设定来做到这一点，因此我们在拍摄时必须注意，使用摄影语言来突出主体，用光圈、焦距对景深范围进行控制，让画面虚实得当。

一般而言，使用较大光圈、较长的焦距和近距离拍摄，可以减小景深，将主体从背景中突显出来，而使用较小光圈、较短的焦距和远距离拍摄可以增加景深，有助于同时表现前景中的植物和附近的场景。要根据自己的表现意图，调整参数，达到构思的理想效果。

◎ 整体画面虚中有实

◎ 侧面拍摄的角度，展示出了槭叶铁线莲与独根草相伴生的环境

改换景别与视角

通过充分利用长焦、广角等不同焦距，甚至微距镜头，可以用不同景别对铁线莲进行记录，丰富画面的表现方式。

另外，我们还可以尝试采用不同的视点，从仰拍、俯拍等多个角度进行观察，改变拍摄主体与背景的关系，从而寻找到最佳的拍摄角度，来表现出槭叶铁线莲独特的美。

利用仰拍突出峭壁的生态环境

采用对角线构图更显动感

表现生长环境的全景

利用环境，形成层次

在铁线莲的生长环境中，各种元素十分丰富，除了表现画面主体以外，如果能巧妙地把生长环境置入背景，将与主体形成和谐优美的主次融合。利用环境让各种元素出现在前景和背景中，将很好地形成层次，创造纵深感。

希望大家在拍摄时要注意保护自身安全，也保护槭叶铁线莲的生存环境，亲近而不侵扰大自然。

仰拍可以突出表现槭叶铁线莲的生长高度

空谷幽兰，为谁绽放

撰文 / 张海华　绘图 / 张可航

大花无柱兰

人间最美四月天，鸟语花香，蜂飞蝶舞，阅尽繁华。

此时，有一种花儿却在清幽僻静之地悄然绽放，那就是野生兰花。它们数量稀少，亦无意与群芳争春，正如清代郑板桥《高山幽兰》一诗所赞美："千古幽贞是此花，不求闻达只烟霞。采樵或恐通来路，更取高山一片遮。"

现在，请跟我们一起踏上寻兰之旅……

岩壁上的“小精灵”

四月初，运气好的话，在四明山一些比较阴湿的岩壁上，能发现盛开的大花无柱兰。这是一种浙江特有的珍稀濒危植物，它的花梃最多只有十几厘米高，并不起眼。在宁波，它们最喜欢生长在丹霞地貌的湿润石壁上，只有一枚长在基部的绿叶，花葶纤细，一般在顶部开一朵花，极少数具有 2 ~ 3 朵花。淡紫红色的小花非常精致，排在一起的话，看起来就像是一群小精灵在迎风舞蹈，清丽可人。

所谓“大花无柱兰”，自然是说，它的花在无柱兰属的兰科植物中已经算是大的。我在浙江还见过细葶无柱兰的花，这种无柱兰也喜欢长在有覆土的岩石上，一根花葶上可以开十几朵花，但每一朵花都非常迷你，恐怕只有大花无柱兰的花的 1/3。

◯ 白芨

兰中“仙品”数风兰

说起风兰，则更是兰花中的“仙品”。它是近年才确认的宁波兰科植物的新纪录。虽然据记载风兰分布较广，在浙江、江西、福建、四川、云南乃至甘肃等地均有分布，但如今数量日益稀少，已经濒临灭绝。

风兰属于多年生草本，是附生在大树上的“空气植物”，它的根牢牢地抓住树皮，却对树木没有任何伤害。野外观察表明，它喜欢附生在位于低海拔的枫杨、枫香、香樟、银杏等大树的树干上，少数生在岩壁上。

风兰是形、叶、花俱美的兰花佳品。它的叶子呈绿色，叶形呈V形对折的长条状，质地较为坚硬，顶端通常比较尖，戳到皮肤上有微微的刺疼感。就在如此坚挺的绿叶丛中，少则三五朵，多则数十朵，洁白柔软的小花绽放在花葶之上，散发出沁人心脾的幽香。凡在野外见过风兰开花的人，无不为此陶醉。

○ 风兰

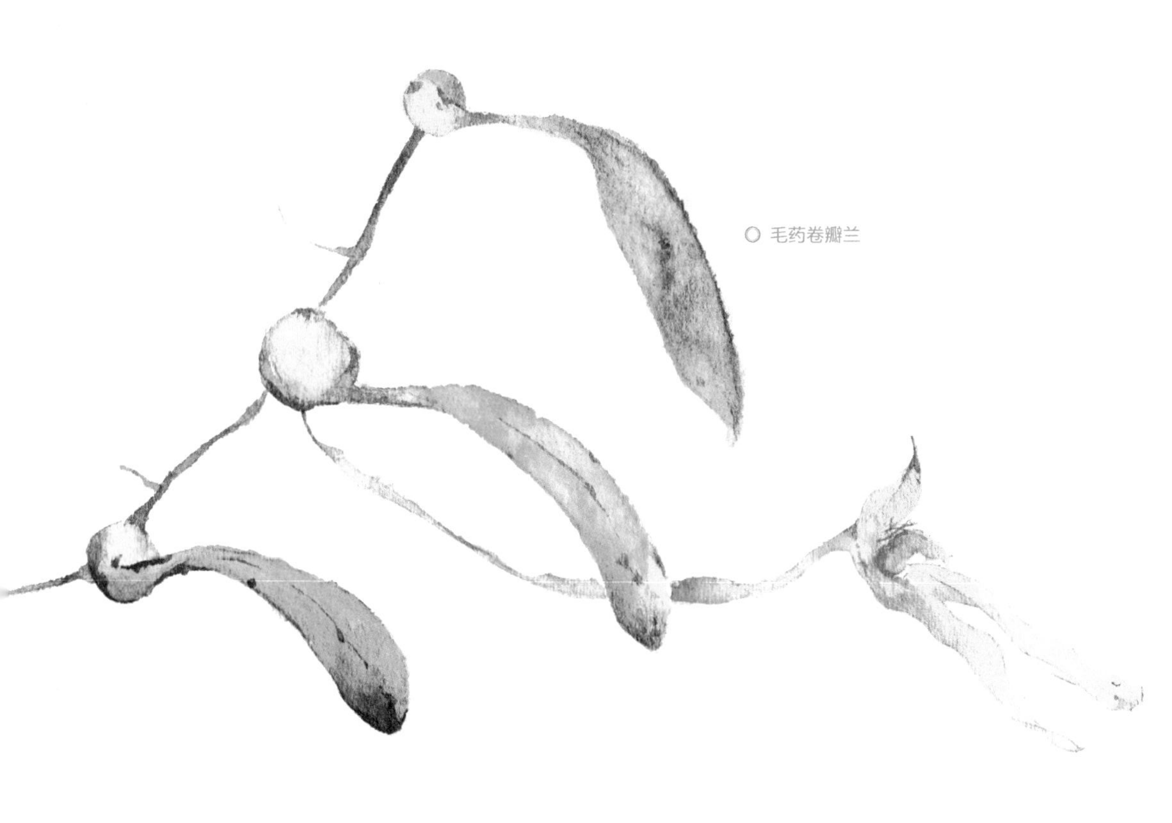

○ 毛药卷瓣兰

白芨无奈扎根于悬崖

寻找兰花的过程充满了艰难，但发现之后的乐趣也是别样而强烈的。宁波的野生兰花中，若论花朵之美丽华贵，恐怕要数白芨最令人折服。白芨的一根花葶上可开 3 ~ 10 朵花，它们通常呈粉紫色，而且比较大，唇瓣上面有几条纵褶片，颇为与众不同。

本来，白芨在平地上也有很多分布，然而正是因为白芨太美了，而且有药用价值，以至于长在平地上的野生植株几乎已被采挖殆尽。如今，在野外已越来越难找到它们的踪影——除非是在很高的悬崖等一般人接近不了的地方。

让这些珍稀而美丽的兰花，自由自在地生长在大自然中，不是一件很美好的事吗？

走进黑暗世界：探访绥阳双河溶洞

撰文 / 李坡　摄影 / Jean-François Fabriol　李坡

双河溶洞位于贵州省绥阳县温泉镇境内，目前已实际探测长度达 161.788 千米，为中国第一长洞。双河溶洞发育于寒武系娄山关组白云岩中，是世界上发育于白云岩中最长的洞穴。

随着考察活动的不断深入，考察的难度也在不断加大。双河溶洞还有很多未测洞段有待发现，虽然双河溶洞已知洞口达 30 个，但是无论从哪个洞口进入，要到达未测洞段都需要 4 ～ 5 个小时，大大减少了有效工作时间。

因此，在制订“双河溶洞 2014 中法洞穴联合考察”计划时，专家们把此次考察的重点放在寻找新的洞口上。根据地质、地貌和水文地质的分析，寻找新洞口的重点区域

LED灯装饰下的溶洞相当漂亮

定在双河溶洞西北面地势较高的辛家湾和东北面地势较高的大湾两地。虽然所寻找的洞穴中大多数没有与双河溶洞连接，但其中的辛家湾凉风洞还是给了大家一个惊喜。

辛家湾凉风洞是一个阶梯状的垂直洞穴，洞口海拔 1295 米，其洞口段发育于奥陶系的石灰岩中。而此区域的奥陶系底部与寒武系娄山关组白云岩之间有一个 5 ~ 10 米厚的页岩层。由于页岩不透水，故在此形成了隔水层，水对页岩没有溶

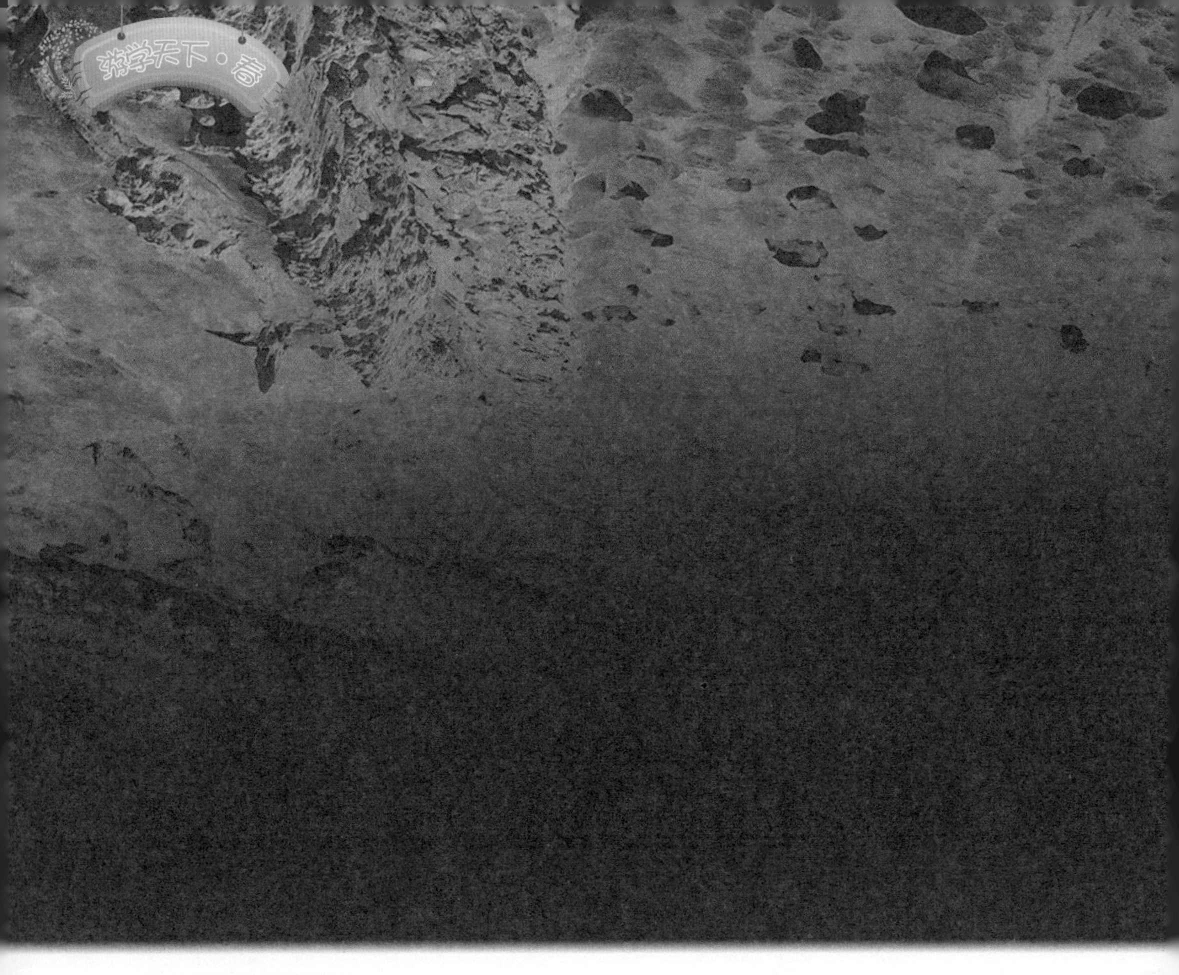

布满流痕和天锅的洞顶

蚀作用，因此在页岩中一般不会形成洞穴。但是页岩的硬度较小，而且这层页岩的厚度不大，水流的侵蚀作用也有可能将其击穿。所以，水流是否击穿了此页岩层是辛家湾凉风洞与双河溶洞连接的关键。

成为中国第一长洞，2014 年

通过几天的探测，在从辛家湾凉风洞洞口垂直下降近 300 米后，探测人员于 2014 年 12 月 6 日终于发现，水流击穿了该页岩层。因此，辛家湾凉风洞与双河溶洞连接的可能性大大增加。通过对辛家湾凉风洞的延伸方向分析，大家认为其有可能与双河溶洞的龙塘子下水洞的其中一个支洞连接。经过一天的休整和精心准备，12 月 8 日，探测队分两组分别从辛家湾凉风洞和龙塘子下水洞相向探测，并于当天下午顺利会合。

通过此次考察，双河溶洞的长度增加到 161.788 千米。此次考察还在大路坎洞中发现了一具较完整的大型动物化石，初步判断疑似犀牛化石。另外，在火焰坪洞中发现了大量疑似羚羊化石。这些化石的种属及生活时间还有待古脊椎动物专家的进一步确认。

实地探测告诉我们，黑暗的洞穴中既没有妖魔鬼怪，也没有大型猛兽，更不是生命禁区。由于洞穴的特殊环境，还有许多动物新种有待人们发现。双河溶洞及其周边溶洞中常见的动物有斑灶马、马陆、步甲、钩虾、红点齿蟾、蜘蛛、高原鳅等穴居生物，蝙蝠、豪猪、老鼠等半穴居生物。其中已发现的新种有钩虾一种、蜘蛛两种、高原鳅一种及步甲一种。

双河溶洞还未探测的洞段众多，其周边的众多洞穴中也还有和其相连的。从理论上分析，双河溶洞的

使用单绳技术下竖井

Tips:
探洞安全事项

1. 探洞是一项具有危险性的户外运动，需要掌握一定的基础知识和技能，最好在有经验的人员的组织、带领下进行，切不可个人贸然前往。没有经验的探洞者尽量不要去探非常狭窄或低矮的洞道。

2. 出发前应把探洞计划告知亲友。如去探哪个洞，计划什么时间回来等，如果超出时间未返回，需要及时求助。

3. 要带足光源、水和食物。至少要带两套光源，要备上足够的能源（电池等）。

4. 要注意防止疲劳综合征，主要是脱水、低血糖和低体温。

5. 在通过崎岖、湿滑的地段时要集中注意力，小心行走。

6. 在通过乱石堆时要特别注意防止松动石块的滚落。

7. 通过陡坎、竖井和洞壁时，包括较矮的陡坎和坡度较大的陡坡，必须使用单绳技术（SRT）。当然在探洞前必须学会和掌握此技术。禁止徒手攀爬这些地段。

8. 在雨季，不要去探水洞，包括地下河和季节性地下河，以防止突然遭遇洪水。探洞时遇到洪水，应迅速找地势较高的地方躲避，等待洪水退去或救援。切记绝对不要与洪水赛跑。

○ 环地中海的喀斯特洞穴

长度应该超过200千米，亦有可能超过马来西亚的清水洞而成为亚洲第一长洞。

洞穴的成因

走进黑暗的洞穴，若能了解其形成原因，去探访的时候便能做到心里有数。洞穴是人能进入的自然形成的地下空间，从成因上可划分为喀斯特洞穴、侵蚀洞穴、熔岩洞穴和冰洞等。我们常见的洞穴是喀斯特洞穴，也称溶洞。喀斯特洞穴主要发育在碳酸盐岩中，碳酸盐岩的主要成分是碳酸钙和碳酸钙・镁。世界上出露的碳酸盐岩约占陆地面积的20%，主要集中分布在中美洲、环地中海和中国西南。中国的碳

酸盐岩出露面积约为50万平方千米。

洞穴的发育和演化过程主要有以下几个阶段：首先是大气降水沿岩石孔隙、裂隙、层面等渗入岩体，并对岩体进行溶蚀形成地下空洞；随着空洞的逐渐扩大，水流汇集到洞中形成地下溪流或地下河；地下河形成后，在重力崩塌作用、地下河的溶蚀作用、侵蚀作用和搬运作用的共同作用下，使洞腔进一步地扩大；随着地壳的抬升，潜水面下降。地下河及岩体中的其他水流向下渗漏，从而形成新的下层洞道，上、下两层洞之间通常发育垂直洞穴将它们连接，从而形成完整的洞穴系统。

◎ 喀斯特洞穴

前文提到，水中碳酸与碳酸钙的化学作用是一个可逆的反应。洞穴形成后，岩石中的水流渗入洞中后，由于温度和压力的改变，水中的钙离子浓度过大而产生逆向反应，即水中的钙离子和重碳酸根反应生成水、二氧化碳和碳酸钙。这些碳酸钙在洞顶、洞壁和洞底等部位沉积下来，便形成了各种形态的钟乳石。由于形成钟乳石的水动力不同及其沉积部位的不同，形成了各种不同的钟乳石类型，主要有：石钟乳、石笋、石柱、鹅管、石旗、石盾、石帘、卷曲石、边石、云盆、钙板、穴珠、晶花等，以及它们的组合形态。

受地下水侵蚀的石帘

石膏晶簇

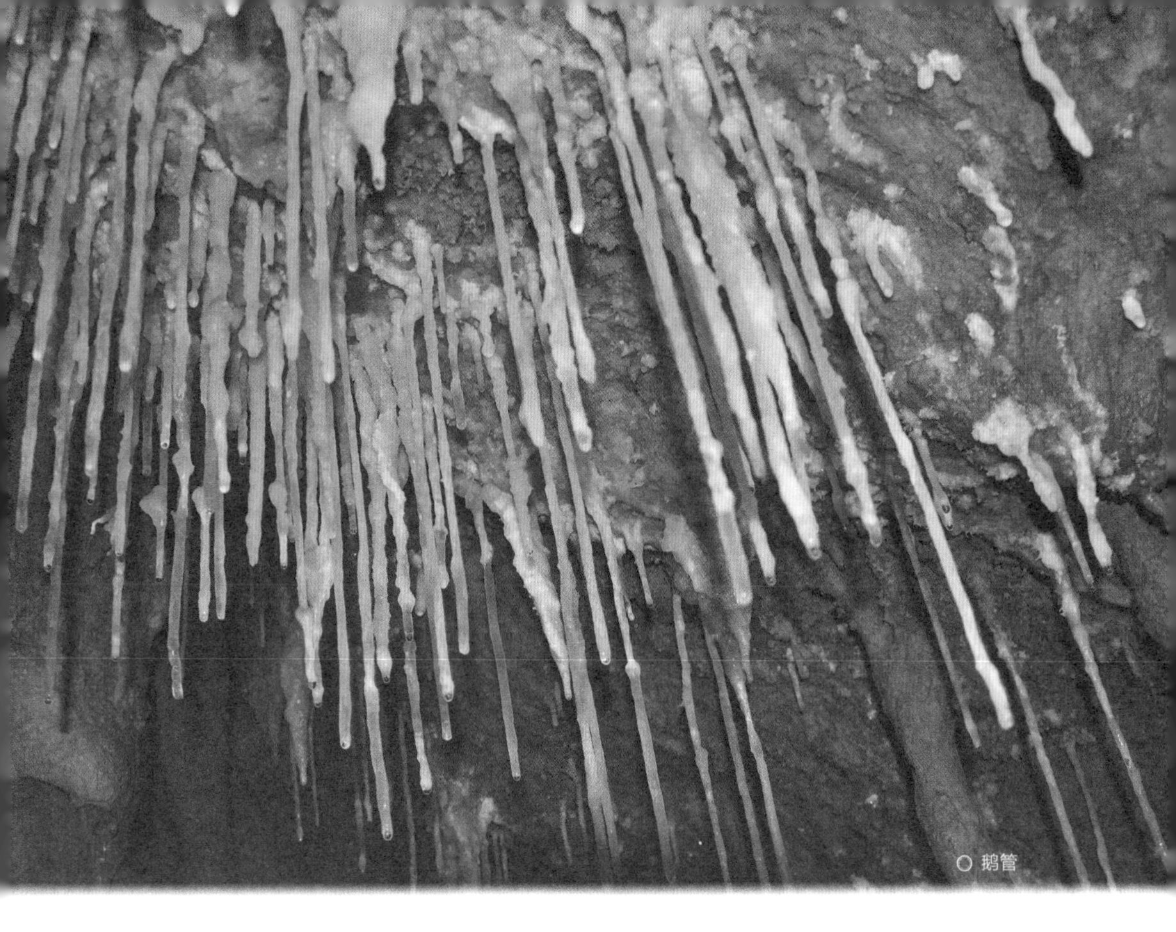

鹅管

知识链接：溶洞的形成

溶洞的形成是水对碳酸盐岩溶蚀、侵蚀作用，重力崩塌作用和水的搬运作用共同作用的结果。

溶蚀作用是水中微弱的碳酸与碳酸钙在一定的温度和压力条件下产生化学反应，形成溶解于水中的钙离子和重碳酸根离子。此反应是可逆的，其条件就是温度和压力。

侵蚀作用是水流动产生的机械能对岩石的破坏作用。

花瓣状石笋与粗大石笋

寻找童年记忆里的“奇趣”植物

撰文·摄影/南门野客

我出生在广西壮族自治区玉林市的农村，接触到山野中的各类植物。大学时期，我学的是与植物相关的专业，经过多年的累积，我也认识了不少植物。今天，就来探访下那些多年不见的“老朋友们”。

在一个晴好的下午，我背上相机，往屋后的山路走去。华南地区没有明显的冬天，朝远处的山峦望去，依旧一片绿油油的景象。

被寄生的无患子树

出门不远，发现一株树木的叶子已经黄了一半、落了一半。走近一看，原来是无患子（*Sapindus saponaria*，无患子科无患子属）。无患子是水果荔枝、龙眼的亲戚，但是荔枝和龙眼都是常绿植物，无患子却是落叶植物。在华南地区，落叶的树种非常少。

无患子树上还挂有少许去年结的果实，此外，我还看到一丛一丛的绿叶。这些绿叶比较密集，与无患子的叶子不同——它们是另外一种植物，叫广寄生（*Taxillus chinensis*，桑寄生科钝果寄生属）。这种植物寄生在其他植物上，吸取寄主植物的营养。会对寄主植物产生一定的危害。广寄生的果实具有黏性，被鸟儿吃下之后，种子随着粪便，附着在其他枝条上，又能长出新的植株。

广寄生

无患子果实

无患子果实——童年恶作剧的小“玩物”

无患子果实有一层很厚的果皮，这层果皮含有皂素，可以洗衣服、洗手，所以我们叫它“洗手果”。无患子的内核有一枚黑色的种子，跟龙眼的种子很像。小时候，我们经常拿它与同伴们恶作剧，把种子在地上来回摩擦，然后将其偷偷地烫小伙伴们的皮肤。

◎ 无患子

尖苞柊叶

尖苞柊叶——制造童年的美食

继续往前走，路过一个菜园子，在菜园边上种有一丛柊叶，严格来说应该叫尖苞柊叶（*Phrynium capitatum*，竹芋科柊叶属）。小时候我一直以为它叫"粽叶"，用柊叶包成的米粽，又叫肉粽，里面包裹的除了糯米之外，还有绿豆、红豆、芝麻以及肥肉或排骨。用米糠小火慢炖几个小时之后，香味四处飘窜，成为我童年最期盼的美食……

酢浆草不是"三叶草"

在柊叶边上，有几朵黄色的小花贴着地面，它们叫酢浆草（*Oxalis corniculata*，酢浆草科酢浆草属）。酢浆草是在全国各地广泛分布的一种小植物，它们的叶子有三片，常常有人误以为它们是三叶草，其实真正的三叶草是豆科的白车轴草（*Trifolium repens*，豆科车轴草属）。

酢浆草有个高大的亲戚叫阳桃（*Averrhoa carambola*，酢浆草科阳桃属），阳桃有一个很酸的品种。酢浆草的茎叶也含有草酸，放在嘴里嚼，有淡淡的酸味。

酢浆草还有一个好玩的地方。它的蒴果像一只带五棱的小辣椒，果实成熟的时候，只要用手轻轻一捏，"小辣椒"就会瞬间爆炸，种子四处飞溅。

酢浆草

荠菜——满满都是“心意”

继续往前走，路两旁开满了细小的白花，我低头一看，原来是荠菜（*Capsella bursa-pastoris*，十字花科荠属）。初中的时候，学过一篇课文叫《挖荠菜》。但是那时候，我并不知道荠菜是全国广泛分布的物种，还以为只有在北方才能见到。

直到现在，每次遇到时，还是会去看看它那心形的果荚，似乎在跟我诉说着什么。

苍耳的果实，供我们童年恶作剧

不知不觉，我走到了山脚下，登山的路口处有一丛枯黄的杂草，杂草的枝头还残留了几个带刺的果实，细看便知那是苍耳（*Xanthium strumarium*，菊科苍耳属）。小时候，我们经常拿这种果实相互打闹，粘在衣服或者头发上。

◎ 荠菜

○ 苍耳

◎空心泡

苍耳的“果实”并不是真正意义上的果子。苍耳在开花时，不只开了一朵花，而是开了好多小花。向日葵的每个葵花子才是它的果实，大大的花盘是由它的总苞组成的。苍耳雌花序的内层总苞没有长成盘状，而长成了囊状，在苍耳的瘦果成熟时，它的果实变得愈发坚硬，外面长有钩状的刺。这些小刺可以钩在动物的皮毛上，被动物们带到其他地方进行播种。

空心泡——带刺的小白花

刚走上登山的小道，就看到路边长有一丛空心泡（*Rubus rosaefolius*，蔷薇科悬钩子属），空心泡

开着白色的花，花中间长有密密麻麻的柱头，每一个花柱将来都能长成一个小小的核果，这些小核果长在一起，组成了一个聚合果。聚合果实，汁多味甜。小时候，为了吃到它，我多少次被空心泡的枝条上的皮刺划破了皮肤却依旧乐此不疲。

酸藤子——自然生长的玩具子弹

继续往前走，看到有一种树在开花，它的小花成簇地在叶腋处开放。终于想起它就是我儿时的玩伴之一——酸藤子（*Embelia laeta*，紫金牛科酸藤子属）。那时候，我会用竹子做一种玩具枪，这个玩具的子弹就是酸藤子的果实。

◎ 酸藤子

○ 朱砂根

寓意吉祥的朱砂根

在一个荒凉的角落里，我看到了一株长满红色果子的植物。走近一看，原来是朱砂根（*Ardisia crenata*，紫金牛科紫金牛属）。这种植物在冬季结满红红的果实，在南方的花市上，常常可以看到，它的商品名叫作黄金万两，是一种年宵花卉，寓意着吉祥和富贵。

海金沙——家里的锅刷藤

正当我要往回走时，看到山坡上缠绕着许多纤细的蕨类植物，它们叫海金沙（*Lygodium japonicum*，海金沙科海金沙属）。家里用的锅刷就是用它做成的，我们管它叫锅刷藤。小时候，我喜欢围在爷爷身边，看爷爷用海金沙的叶轴编织锅刷。想到家里的锅刷也差不多用钝了，我便采了一大把海金沙回家，准备让妈妈做一个新的锅刷。

回家后，我坐在妈妈旁边，看着她编锅刷，仿佛又回到了美好的童年时光……

○ 用海金沙编制而成的锅刷

○ 海金沙

清明时节化身自然吃货

撰文 / 刘易楠（植物分子生物学硕士）
绘图 / 蔡帆捷（家庭插花达人、多肉达人、美食食谱制作者）

四月的福州虽然已经可以听到夏天的脚步声了，但对于福州的吃货们来说，他们的“春天”才刚刚开始，因为这个时候，有许多新鲜时蔬和美食可以犒劳大家，我们就一起去看看大自然都给我们哪些丰厚的馈赠吧！

清明正当时——鼠曲草

鼠曲草茎叶用于制作清明粿

每当时间跨入四月，福州的街头巷尾常常会飘出阵阵的清香。走近一瞧，原来是一个个圆不溜秋的绿色“年糕”！这东西用福州话说叫“菠菠薇”，而笔者这样的外来人更容易记得“清明粿”这个名字。从名称上不难猜出，这个东西是清明节才能吃到的食品。鼠曲草这份契合寒食精神的香气，让人们选择它出现在如此重要的节日里。

这样的清香来自于田野里最易被忽略的野草——鼠曲草。鼠曲草属于菊科的一种，它的顶部是伞状的花序，有好多毛茸茸的小黄花挤在一起，再加上浑身泛着银白色光芒的绒毛，使鼠曲草在初春寒凉的野地里十分醒目可爱。虽然鼠曲草长得其貌不扬，却和农田边的艾蒿等菊科兄弟一样，散发着这类野花特有的傲骨清香。

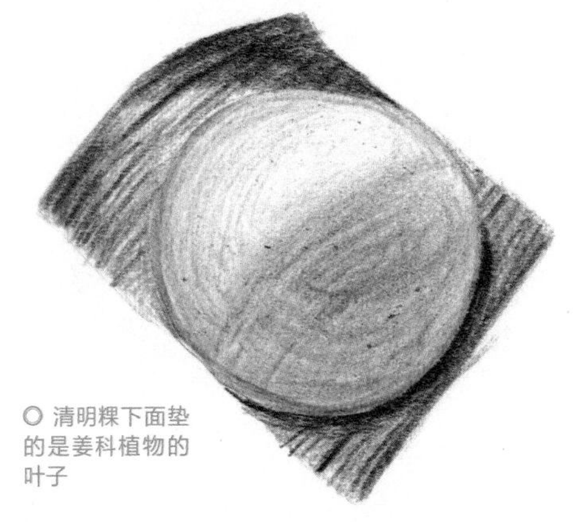
清明粿下面垫的是姜科植物的叶子

蔬菜首当冲——南茼蒿

当然，四月在农田里笔者见过漂亮的花——茼蒿，它的花如太阳一般，花瓣内圈黄外圈白，看上去就十分惹人喜爱。北方茼蒿的艺名叫“皇帝菜”，而本地茼蒿家族中一种宽叶子的南茼蒿，别称“鹅菜”。这样的命名，有

土豆的花

种孔子“在外叫宗师，回乡称老二”的趣味。其实，我小时候对茼蒿是又爱又恨，爱它的味道清甜可口，恨它的纤维略长总是卡住嗓子眼。所以看到本文的爸爸妈妈，在做此类纤维长的蔬菜时，不妨把菜切得再短一些。

自从见过茼蒿花，我对它的好感迅速蹿升，仿佛它是一种美貌与美味并存的蔬菜。茼蒿作为菊科蔬菜，不但可以食用，还可以插入花瓶用来装点家室。它最外圈的每一片“花瓣”其实都是一朵花，这些“花瓣”牺牲了自己结果的能力，用“颜值”努力把蜜蜂和蝴蝶吸引过来，帮助位于花心的兄弟姐妹们传粉。而中心花朵们的排布也是神奇地契合着斐波那契数列，所以想把茼蒿花的中心画好真的很难，大家可以比比看谁画得最真！

主食谁争锋——土豆

一团紫色映入眼帘。细细地观

茼蒿花

察这团紫色，原来，它是由数朵紫瓣黄蕊的花组成，这其中的每一朵花，都有五个互相粘连的紫色花瓣（辐状花冠），五个明黄色的雄蕊合伙抱在雌蕊的周围，衬托着雌蕊女王般的高冷，仿佛雄蕊们整齐地拜倒在它的石榴裙下一般。这，就是土豆的花！

这要多亏了美洲智慧的印第安人的选育，土豆才得以漂洋过海，出现在康熙时期民众的餐桌上。因为土豆不怎么挑剔，再贫瘠的土地都能生长，所以理所当然地成为了国民食物。神州大地都流传着它的美名：洋芋、马铃薯、番仔薯（福州）、山药蛋（河北）、土豆（东北通称）、荷兰薯（广东梅县）、地蛋（山东），等，近年来，我国还把土豆发展成为主粮之一。在贵州偏远的山区，因为喀斯特地貌而没有良田的人们，他们的主食可是要仰仗着土豆啊！

零食不能少——桑葚和蓬蘽

四月间，除了有犒劳人们的蔬菜，大自然还为小朋友们准备了可口的零食。先说一个家喻户晓的好东西——桑葚，只需要一颗紫红色的果实，就能甜到心里。如果你细

蓬蘽的果实和叶片

心留意，在一至二个月前就能发现桑葚的秘密。初春的时候，桑树就悄悄开出了一串串小花。不同的桑树开的花并不一样，有的树开的花就像没长大的桑葚短短的，而有的树开的花软软长长的。等到四月，那些短花就结出了我们熟悉的桑葚，而开长花的树上啥也没有。原来，桑树也是分雌雄的，我们吃的桑葚就是从雌树上那一串串花发育而来的。这样，由许多花发育成的小果实挤在一起，就形成了大的果实，植物学家就把它称为“聚花果”。

○ 桑葚和叶片

四月的山野间，人们还能见到另外一种肉嘟嘟汁水足的果实——蓬蘽。它和桑葚看上去有相似的地方，都是一粒一粒的，酸甜可口。不过，它可不像桑葚需要很多花才能结出一串果，蓬蘽只需要一朵花就可以做到。这种由一朵花中很多彼此独立的雌蕊长成的果子，植物学家叫它“聚合果”。是不是有点傻傻分不清啦？

小朋友放学后一路走一路吃，等到了家门口，一定都是满嘴满手的汁水。你问能不能在超市买到？蓬蘽这种美味实在过于娇嫩，只能现摘现吃，如果有机会，就趁着假期来福州吧，绝对能一饱口福！

四月的阳光温暖着大地，冬姑娘彻底地跑远了，白天变得较长，而黑夜逐渐变短。从这个月开始，苏醒、产卵、孕育、出生、抚养、成长——这些大自然的生存戏码每天都在轮番上演，乐趣无限。

22天蹲守，观察翠鸟育雏

撰文 / 舒实

翠鸟闪耀着金属光泽的华丽羽毛，常常让人痴迷。在高楼耸立的城市间，普通翠鸟是较为常见的自然生灵。它们常栖息于水质较好的岸边，以小鱼小虾为食。在小河边、水沟旁，城市中的公园池塘周围，甚至小区里的假山喷泉附近，也能寻觅到这种漂亮小鸟的身影。

普通翠鸟的外形

“普通翠鸟”不普通

普通翠鸟，属佛法僧目翠鸟科，拉丁学名为 *Alcedo atthis*，英文名是 Common Kingfisher。在《本草纲目》中，李时珍曾这样描述它：“鱼狗，处处水涯有之。大如燕，喙尖而长，足红而短，背毛翠色带碧，翅毛黑色扬青，可饰女人首物，亦翡翠之类。”

正如李时珍的描述，普通翠鸟长着细长而尖尖的喙，两翼为蓝绿色并具金属光泽，背部中央有一条鲜艳的浅蓝色带，仿佛一件鲜艳的外套；其胸部及腹部呈橙棕色，又好似穿了一件肚兜；翠鸟的颏、喉部的羽毛雪白，好像打了一个白色领结；它的红色小脚，好似蹬着一双红色皮靴。普通翠鸟的体型，仅比全长约为 13 厘米的麻雀稍大，长度一般可达 15 厘米左右。

从英文名 Kingfisher 这个词，读者朋友可以看出，普通翠鸟其实是捕鱼能手，所以中国古代亦称其为“鱼狗”或“鱼虎”。它喜欢停歇在水面的突出物或水边的树枝上，用炯炯有神的双眼凝视着水中的鱼虾，待时机成熟，就会像一道蓝色闪电般冲入水中，用它那细长而尖利的嘴刺破水面，泛起水花，不一会儿便欢快地叼着它的战利品，贴着水面疾飞而去，只留下一片片涟漪。但凡见过翠鸟捕鱼过程的人，都会为其精湛的“技艺”而惊叹不已。

翠鸟在水边观察小鱼时，由于光在空气和水中的折射率不同，小鱼在水中的实际位置要比看到的更深一些；加上水流的速度和小鱼的游动，翠鸟要精准地捕捉到小鱼，不仅需要考虑水的折射率，还需要计算好“提前量”；不仅如此，入水后，它的眼睛要迅速切换到适应水中折射率的“水中模式”，才能精准地完成捕鱼动作。可见，翠鸟要一气呵成地完成这样的精彩表演，不仅要成为“跳水健将”，更要成为“物理学家”呢！

◎ 从巢里出来后赶去“洗澡”的普通翠鸟

○ 武汉市青山公园一景

普通翠鸟的巢一般建在水边的土崖壁上，通过挖掘隧道式洞穴筑巢，偶尔也利用其他动物现成的洞穴为巢。翠鸟的巢穴通常为一个斜向下约 30 度开口的洞穴，洞口比翠鸟身体稍宽，深度达 60 厘米左右。翠鸟夫妇筑好爱巢后，翠鸟妈妈便在其中产卵，待卵孵化后，翠鸟爸妈会继续在巢中喂养小翠鸟。小翠鸟长到一定程度后，会飞出巢穴，由翠鸟爸爸和妈妈传授捕鱼技巧，直至可独立捕食为止。

有人不禁要问，为什么要给这么美丽的鸟儿起这么“普通”的名字？因为普通翠鸟在世界范围内分布较广，许多国家和地区都能觅得它的身影，于是它才用“普通”冠名。

与翠鸟一家结缘

还记得是在某年的3月下旬，我和往常一样在武汉市区内的公园散步并观察鸟类，行至公园边的水沟时，一道鲜艳的蓝绿色“闪电”以飞快的速度贴着水面疾飞而去，伴随着高亢而欢快的鸣叫声。“运气不错，碰到了普通翠鸟”，喜悦之余，我注意到一个细节，刚飞过去的翠鸟嘴里是含着一条鱼的。我产生了一个疑问，为什么翠鸟没有把鱼直接吃掉，而是向远处飞去?

为了解开这个疑惑，我朝着翠鸟飞去的方向走去，走了一段后又听到翠鸟的叫声，看见它又一个猛子扎下去，这次，翠鸟嘴中没有叼食物，而是匆忙地向刚才来的方向飞了过去。难道刚才叼的鱼它自己吃掉了吗? 还是附近有幼鸟，喂给幼鸟吃了?

○ 白胸翡翠

为了不影响翠鸟的正常活动，我悄悄地找到一处隐蔽地坐下，又找来一些树枝用来遮挡。经过两个小时的蹲守观察，我发现这里共有两只普通翠鸟，总是忙忙碌碌地往返于两地之间，而且每次都是叼着鱼去，回来的时候嘴里却是空的。因此我断定，这肯定是翠鸟在哺育幼鸟。由于此时天色已晚，于是我便决定第二天一早再来观察。

第二天早上，我 7 点左右便赶到前一天的地点，继续观察拍摄，一直持续到太阳下山。我发现，翠鸟总是叼着鱼在长满灌木的土崖附近消失，于是，我决定把观察的地点挪到这个土崖的对面一探究竟。经过几个小时的观察，我发现翠鸟的巢竟然就建在这个土崖上，洞口非常隐蔽，要穿过一片灌丛才能进入。

每次翠鸟叼着鱼从进巢到出来需要 20~30 秒，钻完洞后，它的羽毛上会沾有泥土，这时，它会从巢里出来，在水里扎个猛子洗干净，看来，翠鸟还是个爱干净的小家伙呢！翠鸟叼着鱼进巢之前，会飞到巢对面的树上，这棵树离我隐蔽的地方很近，实在难得。这一天我拍摄到不少翠鸟的漂亮照片，让我兴奋不已。

○从巢里出来后赶去“洗澡”的普通翠鸟

回家欣赏着一天的“战果”，我发现翠鸟每次叼的鱼的体型都差不多，都非常小，最长不过 2 厘米，可能是幼鸟刚孵化不久，还吃不了太大的鱼，翠鸟爸爸和翠鸟妈妈为了小翠鸟的健康成长，不辞辛苦地精心挑选，还真是贴心！

同时一个疑问又浮现在我的脑海中——小翠鸟从孵化到能自己飞出巢到底需要多久？这个答案还需要我自己去找，于是我决定每天都去观察翠鸟，直到小翠鸟出巢。

之后，每天早上 8 点，我准时到蹲守点，风雨无阻。经过连续 22 天的漫长等待，我终于见到了小翠鸟出巢的那一刻。出巢的小翠鸟一共有 3 只，它们的体型与它们父母的大致相似，但颜色并不是那么鲜艳，背部羽毛呈墨绿色，胸腹部的颜色呈淡棕黄色，嘴巴也比它们的父母短很多。

可惜的是，小翠鸟一出巢，翠鸟爸爸就引着它朝灌丛深处飞去，由于灌丛中遮挡物太多，且非常阴暗，所以我未能第一时间拍到翠鸟喂食的画面。而且，这个时期的普通翠鸟是非常敏感的，如果强行追随拍摄，可能会导致翠鸟父母遗弃幼鸟等不可预知的严重后果，我实在不忍心影响翠鸟一家的正常生活，所以这一天仅进行观察，放弃拍摄。

但值得欣慰的是，我总算弄清了心中的疑问：小翠鸟从孵化到出巢，翠鸟爸爸和翠鸟妈妈须在巢里哺育小翠鸟约 15 天的时间（这个结果与我日后找到的一本日本的观鸟杂志上的描述相吻合）。

普通翠鸟幼鸟

○ 普通翠鸟给幼鸟喂食的画面

仿佛是为了答谢这 20 多天的静静陪伴，在小翠鸟出巢后的第 5 天，我终于拍到了翠鸟爸爸和翠鸟妈妈在巢外给小翠鸟喂食的温馨画面。

经过这 22 天的蹲守，我与翠鸟渐渐成为了朋友，由于一直在伪装网内蹲守，未惊扰翠鸟一家的正常生活，到小翠鸟出巢前的最后几天，翠鸟爸爸喂完小翠鸟后，会经常故意飞到伪装网里面的树上，静静地观望着我再飞走，好像在和我打招呼说：“我知道你在这里，谢谢你没有伤害我和我的孩子们。”真是懂事又讲礼貌的小鸟呢！

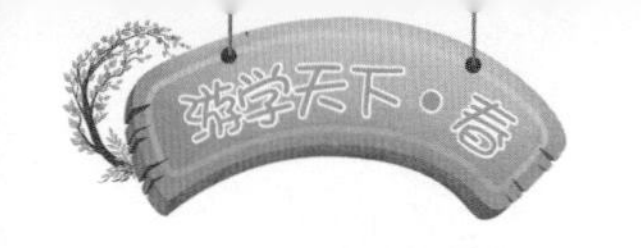

细微之处显大爱

前文提到，翠鸟爸妈刚开始喂小翠鸟的时候，捕的都是体长 2 厘米以内的小鱼，经过 22 天的观察，我发现：翠鸟爸爸和翠鸟妈妈捕捉的小鱼小虾的尺寸在逐渐增加，2 厘米、3 厘米、4 厘米、5 厘米……到小翠鸟出巢的前几天，喂的甚至都是整只的大龙虾。

鸟类的新陈代谢速度比其他部分动物相对要快一些，加上小翠鸟正处于一个急速生长的特殊时

○ 普通翠鸟叼着体长2厘米左右的小虾

期，对食物的需求更是旺盛。根据观察，普通翠鸟是由翠鸟爸爸和翠鸟妈妈一起筑巢，共同承担喂养的繁重任务。

翠鸟爸爸和翠鸟妈妈喂食频率最高时，大约每隔 10 分钟就会喂食一次，它们平均每捉到 10 条鱼，有 8 ~ 9 条都会喂给小翠鸟，仅留 1 ~ 2 条给自己充饥。每次捕到鱼、虾后，它们会停到洞口对面的树枝上，用力摔打鱼虾将其摔死或摔晕，并用嘴紧紧地夹住食物，反复调整它在口中的位置，每次都会调整到鱼头朝前、虾尾朝前的方向，才进洞喂食。

知识链接:

目前世界上现存各亚种翠鸟计 90 余种，我国常见的有斑头大翠鸟、蓝耳翠鸟、鹳嘴翠鸟和普通翠鸟等多个亚种，其中蓝耳翠鸟、鹳嘴翠鸟被列为国家二级保护动物。

未被列入保护动物的普通翠鸟在我国分布最广，几乎全境都有种群分布。普通翠鸟头、背、翅、尾呈现一种特异的蓝色，介于湖蓝与翠绿之间。这种蓝色不多见，康熙青花瓷青花的发色与之接近，故被称作“翠毛蓝”。但这种青花发色远不及翠鸟的羽毛鲜活灵动。翠鸟的羽毛随光线强弱和观看角度不同，层次分明，富于变化，尤其在烛光下，能折射和晕散出一种朦胧的珠宝光。

水边普通翠鸟的近亲

其实，普通翠鸟归属的翠鸟科鸟类，全世界共有 90 多种，而中国有 11 种。它们一般与普通翠鸟的体形相似——嘴尖、尾短、脚短、翼短圆；习性也相似——多生活在水边，以鱼虾为食。在翠鸟科的这些鸟类中，不乏体型较大者（如白胸翡翠体长约 28 厘米，冠鱼狗体长约 40 厘米）；其中大多如白胸翡翠一般羽色鲜艳，少数如冠鱼狗般羽色暗淡。

○冠鱼狗

○ 普通翠鸟叼着体长2厘米左右的小鱼

○ 叼着4厘米左右的小鱼

这 22 天的观察，让我深深感受到父爱、母爱的伟大，也让我对这种鸟充满敬畏和感动。对于野生鸟类来说，四处都存在天敌或人类的威胁，而且在水质浑浊、食物不丰富的公园水沟中，捕食本身就不是一件容易的事。翠鸟爸爸和翠鸟妈妈为了小翠鸟的茁壮成长，把几乎所有能捕捉到的食物都让给了孩子们，而它们自己却拖着疲惫的身体，不停地捕捉鱼虾，肚子饿着都舍不得吃。

另外，它们还要根据小翠鸟不同时期的生长需求，筛选不同尺寸的鱼虾，又害怕小翠鸟无法消化，每次喂食前，还要非常细心地把鱼虾的位置调整好。它们这种对小翠鸟无微不至的爱，让人不由得心生敬畏，这种爱就算和我们人类相比，也有过之而无不及。

○ 普通翠鸟叼着体长5厘米左右的小鱼

拍摄翠鸟之必备锦囊

撰文 / 舒实

翠鸟闪耀着金属光泽的华丽羽毛，常常让人痴迷。在高楼耸立的城市间，普通翠鸟是较为常见的自然生灵。它们常栖息于水质较好的岸边，以小鱼小虾为食。在小河边、水沟旁，城市中的公园池塘周围，甚至小区里的假山喷泉附近，也能寻觅到这种漂亮小鸟的身影。

分析拍摄方案

通过对普通翠鸟的观察，可设定两种普通翠鸟的拍摄方案供选择：

（1）普通翠鸟捕食场所相对比较固定，它们首先会在水面的突出物或水边的树上观察，可利用此习性，蹲守于这些突出物或树枝周围静待时机；

（2）普通翠鸟哺育巢中幼鸟时，其活动范围被限定在巢附近，其进巢、离巢时，会在巢附近的树枝上停歇，此时也是极佳的拍摄时机。

第一种方案存在较大的局限性，因每对普通翠鸟领地面积较大，特别在较大面积的水域捕食时，拍摄尤其困难，如受到惊扰，它们还会更换捕食地点，不利于接近拍摄；第二种方案拍摄成功率更高，由于普通翠鸟幼鸟在孵化期间，每隔一段时间，亲鸟必须给幼鸟喂食，一定会在巢附近活动，只要把握时机，成功率更高。

了解拍摄须知

对于第二种方案而言，拍摄前的观察工作尤为重要。可以说，如果能找到翠鸟的巢并确认翠鸟正处于育雏期的话，就成功了80%。

①时间

三月初可开始留意有无普通翠鸟活动，早晨和黄昏是其活跃时间。若时间有限，尽量于晨昏时间观察

○ 翠鸟

翠鸟活动。

②场地

翠鸟的活动大多在水域附近，河流、湖泊、池塘甚至水沟，它喜欢停歇在水面突出物或水边比较显眼的树枝上，在水域附近寻找这样的场所，比较容易发现翠鸟的踪迹。

③喂食行为的观察

观察须有耐心，若发现翠鸟含着食物而自己不吃，飞往别处，则说明普通翠鸟正处于育雏期，这是识别的一个很好的标志。追随着翠鸟叼鱼飞去的方向，找到巢的概率非常大。不要对筑巢还未完成或幼鸟还未孵化的翠鸟的巢强行接近，很可能会引起它们的警觉，甚至使普通翠鸟弃巢而去。

普通翠鸟嘴里叼着体长6厘米左右的小虾

④着装要求

以不惊扰鸟类的正常生活特别是处于繁殖期的鸟类为前提，不论是观察还是拍摄，着装尽量与环境

○ 停歇在水边显眼的树枝上

融为一体，选择迷彩色、灰色、墨绿、深蓝等反差小、灰暗低调的颜色。

⑤伪装的方法和设备

在蹲守地点观察或拍摄时，最好对人员和设备进行伪装，比如面前插上带叶子的枝条进行遮挡，条件允许，建议使用伪装网或伪装帐篷。

⑥摄影器材的选择

翠鸟巢所在地往往光线不佳。在摄影器材的选择上，应多考虑器材的对焦性能、连拍性能和高感光度下的表现。由于蹲守拍摄时间较长，建议使用三脚架，不建议手持拍摄。

谨记注意事项

1. 拍摄时机：确认普通翠鸟的巢穴位置，并确认亲鸟正处于育雏阶段后，便可着手拍摄。

2. 拍摄环境：翠鸟站枝以未经人为改造的自然树枝为佳，若巢附近翠鸟缺少落脚点，可用附近的树枝、石头等在水中或水边为其营造一处突出物。突出物的位置宜选择距鸟巢 2 ~ 5 米左右，距拍摄位置 8 ~ 10 米为佳。由于翠鸟巢穴的洞口开口朝下，突出物的高度应略低于巢的洞口高度，以便翠鸟归巢。而背景的布置一定要在翠鸟不在巢附近时完成，且动作要迅速。

3. 拍摄时的相机设置：拍摄翠鸟时，应先确认并调整拍摄角度，尽量采取平视角度；其次，确认拍摄点的光线情况，对焦模式宜采用“单点对焦”模式，对焦方式采用“单次对焦”，连拍方式采用“高速连拍”模式，对焦时，尽可能对准鸟的眼睛进行对焦。

○ 翠鸟正在洗澡

○ 利用伪装网进行伪装

恪守鸟类拍摄行为准则

（1）拍鸟时，一定要保持适当距离，并注意隐蔽，不要突然发出大的响动，起身时必须缓慢，不要做出突然站起或坐下这种大幅度的动作，手机要特别注意调整到静音或关机状态。

（2）伪装拍摄。无论采用哪种方式伪装，伪装好后，切忌经常解除伪装，人在伪装设备中要尽量保持不动、不说话的状态，一旦解除伪装，要尽快撤离拍摄地。

（3）拍摄过程中，尽量不要破坏巢附近的环境，对巢附近的环境尽量维持拍摄前的自然原貌。拍摄完成后，应清理并带走所有垃圾。

（4）在鸟类繁殖期间，要为鸟儿们的巢穴位置保密，尽可能减少对它们的侵扰，也防止某些不文明行为的发生。

春将尽 夏将至

撰文 / 阿蒙（植物爱好者、网络植物达人、科普作家）
绘图 / 猫小蓟（豆瓣人气插画师、彩铅党）

随着四月间谷雨的结束，春这个季节也在五月初落幕了。立夏，代表着夏的开始，然而春和夏的交界并非像其他三个季节交替那般分明，天空渐渐地从淡灰色中透出成熟而又清澈的蓝色，而树木的浓绿，也给这汪无边的空海镶上了一只“画框”。

◎ 榆钱

风助产子

杨树和柳树是雌雄异株的树木，杨树主要依靠风传播花粉，而柳树则依靠风和虫子共同传播花粉。正因如此，风在杨树、柳树的“产子”过程中可绝对算得上一个重要的“过客”。

五月是四月春雨和六月喜怒无常的天气之间温柔的过渡。和榆荚一样，杨树和柳树的果实也开始在初夏温暖的阳光里成熟。和煦的天气让它们的蒴果干燥开裂，释放出聚集了一个春天精力的成熟的种子。

杨树和柳树的种子很细小，种子表面长着毛一样的絮状物，它们不需要有力的风便可以被吹离果实，轻巧地浮在空气中。它们带着长长的棉絮一样的丝缕，轻盈的身体还可以搭乘温暖的上升气流飘到很高的空中。然而，这些极易散播的种子，寿命却短得可怜，一般只能存活几周，某些柳树的种子甚至只有不到一天的存活时间。杨树和柳树似乎狠下心做了一场赌注，释放出大量短命的种子来碰运气。

柳芽

黑杨

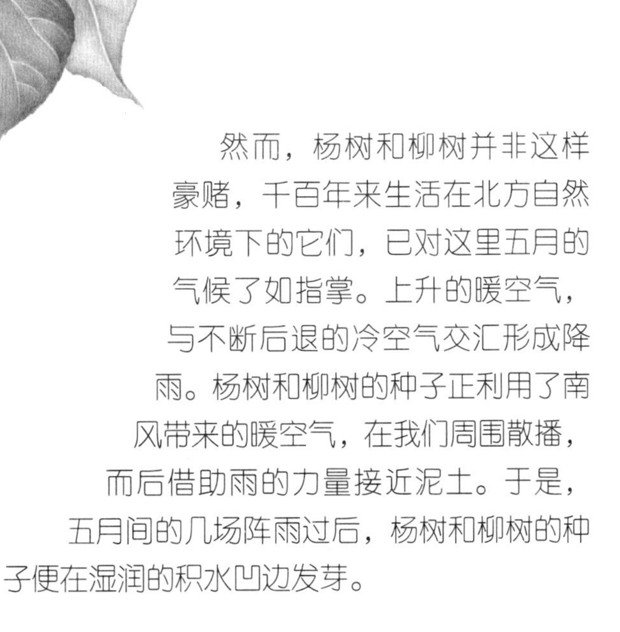

然而，杨树和柳树并非这样豪赌，千百年来生活在北方自然环境下的它们，已对这里五月的气候了如指掌。上升的暖空气，与不断后退的冷空气交汇形成降雨。杨树和柳树的种子正利用了南风带来的暖空气，在我们周围散播，而后借助雨的力量接近泥土。于是，五月间的几场阵雨过后，杨树和柳树的种子便在湿润的积水凹边发芽。

花儿的孕育

海棠和苹果花是春天结束的标志。紧接着，贪恋温暖的牡丹和芍药次第开放。牡丹和芍药颇为相似，它们在植物分类学里同科同属，所以相似的外表让人难以区分。其实，牡丹原属山间，是石缝里顽强的木本植物；芍药喜欢肥沃的草地，它是长着肥大块根的草本植物，就这样一点，便可将它们区分开来。

牡丹

芍药

五月，还是各种蔷薇盛放的季节，不管是平地上的多花蔷薇还是山间的黄刺玫，都在四月间新发的枝条顶端开出丰满且带着甜香的花朵。人们钟爱的月季，也在五月时逐渐拉开它长达半年的花的序章。

花香自然要配鸟语喽！从南方迁徙的候鸟已经离开了作为中继站的这里，而那些留鸟们的狂欢已悄悄地开始了。

麻雀的求爱

◎麻雀

灰头土脸了一冬天的麻雀，已经趁着雨水洗干净了羽毛，这种被人熟知的小雀鸟，也在夏日来临时蠢蠢欲动。

原来，这些毛茸茸的小可爱开始追逐求爱了。冬日里庞大的鸟群，会在春天结束的时候分裂成小鸟群。而平时群居的鸟群里，到了这个春心萌动的季节也开始变得“不安分”……雄鸟开始表现得富有攻击性，它们驱赶着自己的竞争者，偶尔在开阔的草地上打得你死我活。

雄鸟的暴躁，倒是让这种叽叽喳喳的小雀多了不少热闹，而小鸟群中冷静旁观的却是个头稍小的雌鸟们，它们在吵闹的雄雀周围看热闹，似乎在等待着胜利者的求爱。可是，胜利者可以用强壮的体魄博得美人吗？然而并没有那么简单，雌鸟们其实还有它们的小心情。

占据势力的雄鸟一边驱赶败寇，一边寻找一些醒目的小饰物来讨取雌鸟的欢心。雌鸟们偏爱亮晶晶的东西，被人丢掉的烟盒外的那层纸是它们的最爱，雄鸟常常衔着这种亮闪闪且柔软的小物件在雌鸟面前跳舞，振动着翅膀，摇晃着尾巴，让嘴里的玻璃纸发出沙沙的声音，直到雌鸟低身同意，这对恩爱的小雀便共赴爱河。

五月就是这样充满了小心情，鲜花并未退出，而果实已经初现枝头；夏阳临近，却还会有柔雨突至；鸟儿已经开始求偶，而蝴蝶尚未丰满。春光无限好，好在这五月并不是我们印象中的炎热夏天。但是眼看盛夏将至，一切美好的事物都在生发孕育。五月末和煦的阳光里，树梢上已经逐渐听到了太平鸟们银铃一般的歌唱，它们来了，它们庆祝夏天的到来，因为接下来的六月里，樱桃就要熟了。

◎太平鸟

正在消失的冰塔奇观

——气候变暖与珠峰北坡冰塔林的变化

文图／高登义

地球是人类的家园，她不仅以丰富的资源哺育万物，还创造出众多壮丽的自然奇观，冰塔林就是其中之一。在过去的 50 年间，珠穆朗玛峰（以下简称“珠峰”）北坡的冰塔林正在悄然发生变化，这与气候变暖有一定的关系。在此，希望本文能够唤起人们对地球家园的关注与保护。

1980年，从冰洞中眺望珠峰

难忘的冰塔林之行

冰塔林是北半球中低纬度冰川区域的一种特殊的自然现象，是大自然给人类创造的壮丽奇观，珠峰北坡的冰塔林是富有代表性的景观。

1966 年 5 月下旬，我陪同其他三位队友进入中绒布冰川海拔 5300 ~ 5600 米地区，采集冰雪样品。在进入冰塔林区后，几乎每前进一步都有新的景观震撼着我。一人多高宛如骆驼的冰塔、幽深宛如

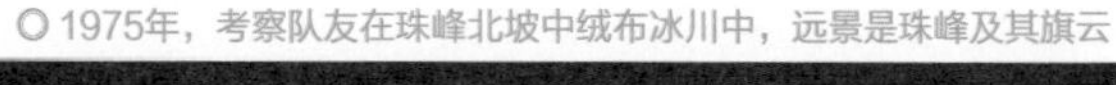

1975年，考察队友在珠峰北坡中绒布冰川中，远景是珠峰及其旗云

○ 1980年，中日双方部分队员合影于珠峰北坡绒布寺（右三为作者）

蛟龙巨嘴的冰洞、斜卧在山坡上的“冰笔架”，都是前所未见的奇观。在海拔 5600 米附近，一片高低错落的冰塔林展现在我的眼前，仿佛是安徒生童话里的冰雪宫殿。

1975 年春，我第二次来到珠峰北坡考察。在快到海拔 5400 米时，面前一幅壮观的画面把我们的目光凝固住了：宽阔的冰湖在阳光照射下闪闪发光，冰湖被多座高高的冰塔林环绕，目测高差可达 50 米以上。

1980 年四至五月，我带队在珠峰北坡进行科学考察。当时由于时间太紧张，我没有更多时间欣赏冰塔林和拍照片，但我的感觉告诉我，冰塔林与 1975 年的情况大同小异。

后来，我的队友们分别于 1990 年、1992 年、2004 年和 2005 年的春季进入珠峰北坡冰塔林区域。我们在科学考察研究的同时，也拍摄了不同时期冰塔林的照片。仔细研究这些照片，从中可以看到几十年中冰塔林本身的变化。

解读神奇壮丽的冰塔林

为什么珠峰北坡的冰塔林会如此奇特呢？

根据冰川地貌学家王富葆等人的文章，结合气象学家在珠峰的有关观测资料，我认为，形成像珠峰北坡那样千姿百态的冰塔林，必须有如下三个条件：

（1）要有适当坡度的地形，才有利于冰川在运动过程中产生多种褶皱和断裂的状态，以形成冰塔林的雏形。一般说来，应在 15° 到

30° 的坡度；坡度超过 30° ，甚至更大，就形成瀑布冰川了；坡度小于 15° ，冰川不会褶皱和断裂。

（2）在消融季节，要有适当的太阳辐射和适当的太阳高度角（70° ~ 80° ），才能使冰面上的不同部位有不同程度的消融，尤其是使得冰面的低凹处接受较多的热量，消融强烈，才逐渐形成冰塔的高低错落。

（3）在消融季节，气候干燥时，冰塔才容易出现升华现象（即由固态直接转化为气体状态）。而且在

冰塔雏形的不同高度风速不同，才能使得不同高度的固态转化为气态的量明显不同，才容易形成高低错落的奇特外观。

这三个条件中，第一个条件容易满足，但第二、第三个条件就不容易了。比如，在纬度太低的地区，太阳辐射太强、太阳高度角太大，冰面很容易融化，冰面不同部位的融化相差不大，不易形成高低错落的冰塔林；在高纬度的北极地区，太阳辐射太弱、高度角太小，也不

○ 北极斯瓦尔巴群岛上的冰川，其坡度适宜形成冰川褶皱和断裂的雏形，但因为纬度太高，不满足形成冰塔林的条件

容易形成高低错落的冰塔林，而是形成了常见的冰川。

气候变暖与珠峰北坡冰塔林变化的关系

在珠峰北坡地区（以距离珠峰北坡大本营约60千米的定日站为代表）自1971年到2009年的39年中，气温增加了0.90℃（表1、图1）。珠峰北坡气候变暖对于冰塔林有什么影响呢？我们从解读冰塔林的成因中可以推测一些端倪。

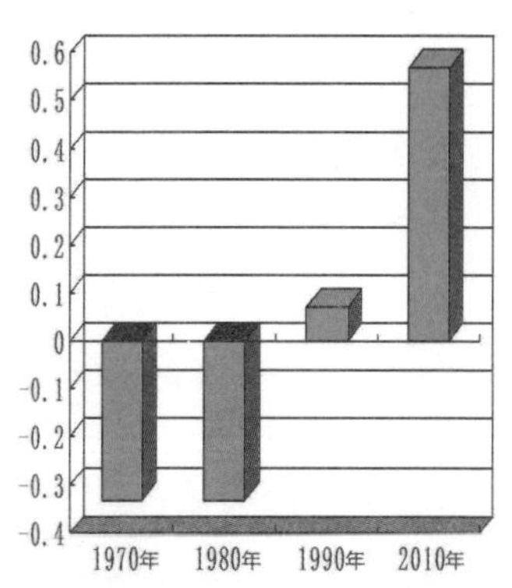

○ 图1：珠峰北坡1971－2009年年平均气温变化（℃）

年代	1971－1980	1981－1990
平均值	2.7	2.7
年代	1991－2000	2001－2009
平均值	3.1	3.6

○ 表1：珠峰北坡1971－2009年年平均气温变化（℃）

我们知道，冰塔林是中低纬度冰川中的特殊地理现象，其主要原因之一是与太阳辐射强度密切相关，而中低纬度与低纬度太阳辐射的差异又主要体现在气温的不同。随着珠峰地区气候变暖，这就相当于珠峰北坡的纬度降低了，慢慢接近低纬度的气温状况。因此，冰塔林的融化会逐渐加剧，其海拔高度从而也会逐渐升高。

TIPS:

珠峰北坡形成冰塔林具有得天独厚的条件

根据冰川气象学家观测，在珠峰北坡海拔5300～6000米处，由于冰川运动常常形成褶皱和断裂，形成了冰塔林的雏形。春夏季，太阳辐射强，且太阳高度角在70°～80°，容易照射到冰面的不同部位，尤其是低凹处。风速在冰面不同高度上差异很大，冰面最高处的风速可比最低处的风速大2～4倍。风速越大，冰的气化量越大，耗费的热量很大，剩余热量消融的冰量非常小；风速越小，消耗热量越小，消融的冰量则越大。冰面高低处的这种消融差异，使得冰塔越来越高，形状越来越奇特，造就了珠峰北坡的冰塔林奇观。

下面我们将通过珠峰气温变化与冰塔林的历史资料来讨论彼此之间的关系。

1966–1980年：珠峰北坡的冰塔林发育良好，冰塔林高差在30～50米，冰湖、冰蘑菇现象很

◎贡嘎山的瀑布冰川

普遍，这与在此期间气温没有什么变化有关。

1981–1990年：珠峰冰塔林也没有明显变化，冰塔林高差在30米以上。

1992年：海拔6000米的冰塔林已经有了融化现象，冰塔融化后形成了冰挂。

2004年：中国科学探险协会主办清洁珠峰活动，拍摄到了海拔6400米的冰塔林。照片中清晰可见，冰塔林已有部分地方融化，并且冰塔的高差明显减小。

2005年：珠峰北坡的冰塔林变化更大，海拔5900米的冰塔林有了崩塌现象，冰湖开始融化，海拔5300米的冰湖已经完全融化，形成了湖泊，珠峰的倒影依稀可见。

比较上述照片并对比表1中的资料，我们不难看出，在20世纪70年代和80年代，珠峰北坡地面气温较低，年平均气温为2.7℃，在此期间拍摄的冰塔林发育良好，高差达到50多米，千姿百态，巍峨壮观。自20世纪90年代起，珠峰北坡气温迅速升高，20年内升高0.4℃，到了21世纪的前10年，气温更进一步升高0.5℃。与此相应，珠峰北坡冰塔林逐渐融化崩塌，尤其是在2004年、2005年拍摄的照片中，融化和崩塌现象都非常显著，海拔5900米的冰塔林崩塌，冰湖在春夏季融化。

上述情况可能说明，地面气温变化对于冰塔林的影响似乎有一段时间位向差，即要等地面气温升高几年后，冰塔林融化和崩塌的现象才逐渐表现出来。

通过分析 1966–2005 年间珠峰北坡冰塔林的变化与气温变化的关系，我们不难看出，珠峰地区气候变暖是冰塔林融化崩塌的主要原因。如果要使得珠峰北坡壮丽的冰塔林景观恢复，恐怕要等到未来这里的气候变冷，恢复到二十世纪六七十年代时的情况才行。珠峰北坡冰塔林奇观的逐渐消失为我们敲响了警钟，人类要尽可能地约束自己的行为，主动并有效地节能减排，才有可能不为气候变暖推波助澜。

◎ 1992年，珠峰北坡中绒布冰川海拔6000米的冰塔林部分融化成冰挂（摄影 / 杜泽泉）

做科学登山的英雄
——珠峰之行背后的科学知识

文图 / 高登义

攀登珠穆朗玛峰（以下简称珠峰）是藏族同胞亲近第三女神的一种重要途径。据传说，珠峰顶部飘挂的旗云正是由藏族同胞亲近第三女神时所献的哈达组成。

自从 1960 年贡布、1975 年潘多登顶珠峰以来，数以千计的藏族男女同胞在珠峰顶峰与第三女神合影留念，留下了不少藏族同胞与第三女神相亲相知的动人故事。

世人瞩目的登顶珠峰之行

按照传统登山概念，登山是无人现场观赏的体育运动，然而，2003年春天纪念人类攀登珠峰50周年活动却成为第一次世界人们现场观赏的体育运动。

2003年5月21日是由尼玛次仁带队的A组队员登顶的日子，中央电视台实况转播提前于9时开始。

上午，珠峰北坡大本营被云雾遮蔽，给实况转播带来极大困难。主持人刘建宏问我“雾会不会散”？我从电视台传过来的珠峰大本营的画面中可见，珠峰被云和雾遮蔽。“随着太阳升起，雾会逐渐散去”我想，“但云是否会散，没有把握。”我略加思索后说：“雾很快会散去”，停了一会，补充说：“从下面看，珠峰被云遮蔽；但在峰顶上看，不会有云；我们队员登顶时，大家会看到从山上传来的画面。”王小丫高兴地说：“高教授说了，在顶峰上不会有云，到时我们都会看到登顶的实况。”

据珠峰大本营节目主持人李小萌说，凌晨3时许，A组队员离开了8300米营地，向着顶峰前进。在A组队员向顶峰攀登的过程中，高山摄像师将适时地向世人展示攀登顶峰中的重要过程。9时半许，

2013年5月高登义与央视主持人王小丫

山上传下来画面，A组队员尼玛、陈骏驰和梁群等到达第二台阶下。我们紧张地目睹队员们缓慢通过第二台阶的情景。此时，在第二台阶处，仍有云彩不时移过，阵风卷起雪花，

知识链接：

中国梯

这是从北坡攀登珠峰的关键建筑，位于珠峰北坡第二台阶处，它是由四根1.1米长的金属构成的攀登梯子，是在1975年5月攀登珠峰时由索南罗布等登山家艰辛建成的，其中，有一根岩石锥是1960年贡布等留下的。由于这是中国登山家建立的非常关键的攀登工具，后人称为“中国梯”。

扑打在第二台阶的中国梯上，更增加了通过第二台阶的难度。持续了近一小时，还没有一位队员爬上第二台阶。

我仔细观看架设中国梯处的地形，想道：如果没有 1960 年和 1975 年中国登山界前辈的奋斗怎么会有今天的中国梯呢！？

○ 珠峰

○ 中国登山队员通过珠峰北坡冰塔林向顶峰稳步前进（1975年）

大约在 11 点后，从报话机传来的信息得知，A 组队员正在向顶峰前进，但画面还没有传回来。大家耐心地等待着。其间，大本营节目主持人李小萌请李致新副主席介绍珠峰顶的情况。李致新说："顶峰上全是冰雪。在顶峰上可容纳 10 人左右，峰顶是一个长条形，有点倾斜，宽 2 ~ 3 米，长 7 ~ 8 米。"

11 点 40 分，A 组队员 5 人开始登顶。果然，正如我所预测，峰顶上没有云。高山摄像师不辱使命，架好微波发射天线后，传回来了清晰的画面。尼玛在峰顶激动地对王勇峰说："我们哥儿俩今后要更好地合作"。从传回来的画面看，峰顶风速为 4 ~ 5 级，阵风 5 ~ 6 级，是宜于登顶的好天。登顶队员们先后在峰顶展开了五星红旗，中国人在世界人民面前站在了地球第三极。

世界上爱好登山活动的人们亲眼目睹了中国人登上珠穆朗玛峰的过程。

从上面这个故事我们可以看出，攀登珠峰、亲近第三女神并不是一件容易的事情，除了做好登山准备、具备强健的身体素质外，还必须了解攀登珠峰的气象、环境等方面的知识，并且必须遵循自然规律来安排登山活动，才能达到上述目的。

○ 攀登珠峰不是一件容易的事情

◎ 攀登珠峰需要了解珠峰的气象、环境等方面的知识

一年中攀登珠峰的最佳季节

根据多次攀登珠峰的实践，我们懂得攀登珠峰的气象条件是：从北坡攀登，高空风是主要条件，8 ~ 9千米高度的风速要小于 8 级，要严防大风带来冻伤；从南坡攀登，降水是主要条件，日降水量要小于 5 毫米，要严防雪崩威胁。

根据上述条件，气象学家得出攀登珠峰的最佳时段在春季应为 4 月中旬至 6 月上旬，5 月最好；秋季应为 9 月中旬至 10 月中旬。然而，珠峰南坡的雨季来临早，一般应于 5 月底停止攀登活动；秋末，即使在 10月下旬从南坡攀登顶峰仍然可以。

一天中攀登珠峰的最佳时段

气象学家得出，在青藏高原，由于地面风速在下午远比早晨的风速大，而且，海拔高度越大，这种差别越大。因此，自 1966 年起，我国登山队就遵循气象规律，执行“早出发，早宿营”的攀登珠峰规律，即在攀登珠峰 7000 米以上，尤其是攀登顶峰时，必须在当地时间早晨两点前出发，下午两点前宿营。

一天中通过高山河流的最佳时段

气象学家根据青藏高原上河水径流的日变化情况，提出通过高山河水的最佳时段是，必须在当地时间中午前通过，下午 4 点后千万不要通过高山河流。因为青藏高原上的河流在下午的径流量要比上午大 4 倍以上，此外，青藏高原上的河流大多来自冰川融水，温度很低。

了解珠峰云与攀登珠峰关系

当珠峰上空有云出现时，有经验的登山天气预报员可以从云的形态变化，尤其是顶峰的旗云变化来推测峰顶附近高空风风速的大小以及未来 1 ~ 3 天的天气。而当珠峰上空无云时，即使非常有经验的登山天气预报员也很难判断和预报。

所谓“旗云”，那是在珠峰顶

上不断生成的对流性的“积云”，受高空强风的影响，随风飘动，波涛起伏；远望，宛如一面旗帜飘挂在峰顶，故曰“旗云”。

旗云劲吹，这是大风的标志，不宜于登顶

○ 珠峰顶部出现“风吹雪”，说明风速很大，也不宜于登顶

不宜于攀登珠峰的“旗云”

当珠峰顶峰的旗云急速地自西向东奔驰，并在顶峰东侧迅速下沉，不宜登顶。当珠峰峰顶出现风吹雪（不是旗云）时，不宜登顶。

○ 珠峰顶部的云呈现向上翘的“辫状”，说明风速不大，可以登顶

宜于攀登珠峰的旗云

当珠峰的旗云自西向东缓慢飘动，且在峰顶东侧呈缓慢上升形态时，海拔 8 – 9 千米高度的风速在 10 ~ 15 米 / 秒；

当珠峰顶峰东侧的旗云出现辫状，并向上抬升时，海拔 8~9 千米风速为 10 ~ 15 米 / 秒；当珠峰处于南支西风带上的高压脊前部时，有时，峰顶的旗云会自东北向西南飘动，海拔 8 ~ 9 千米高度的风速很小，为 15 米 / 秒左右，维持好天气的时间长，可以 3 ~ 5 天，是最好的攀登珠峰天气；

当珠峰顶峰的云几乎呈垂直地上升形态时，珠峰海拔 8 ~ 9 千米高度的风速在 10 米 / 秒以下，是宜于登顶的好天气，但维持时间不长。

旗云向西南方飘动预示小风好天宜于登顶

珠峰顶部的云扶摇直上是最好的登顶天气

预兆不宜于登顶天气来临的云

当珠峰西侧出现系统性的高云，如密卷云、毛卷云，之后逐渐向高积云过渡，未来 2 ~ 3 天内会有南支西风槽移过珠穆朗玛峰地区，带来大风和降水，千万不要去登顶。

晴空无云时不要轻易判断和预报，有时，珠峰顶峰附近晴空无云，有时，晚霞洒在珠峰顶部，金碧辉煌，煞是美丽壮观，然而，千万不要轻易地去攀登。因为根据已有的资料表明，在这种状况下出现大风的情况比较多。登山者最好根据当时实测的高空风资料来做出判断。

Tips

登山必备的装备

要攀登 5000 米以上的高山，尤其是珠峰，必备的登山装备有：个人必备装备包括登山靴、内外防寒衣裤、墨镜、冰镐；帐篷、羽绒睡袋；群体必备装备包括登山结组绳和报话器。

登山素质要求

登山素质要求首先包括对于登山的认识，登山者不应抱着“征服”山峰的错误观念，要具备亲近山峰、认识山峰的心态。

因此，登山者必须首先了解攀登山峰的自然环境和气候条件。强壮的身体是必须的，它包括耐力、腿部力量、手臂力量、腹肌力量等方面。

此外，登山者也应具备野外生存的必备知识，诸如，如何通过冰雪区，如何通过大风区，如何通过滑石区，等等。

登上珠峰、亲近第三女神是每一位登山英雄的梦想。作为一项极具挑战性的运动，登山需要科学的指导、遵循自然规律，只有这样，梦想才能实现！

○ 一旦珠峰上空出现系统性的卷云，两到三天后天气转坏，应该尽快停止登顶活动

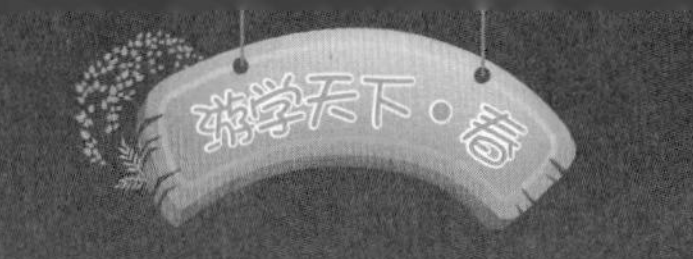

行走北极，追逐日全食

撰文／陈海滢

2015 年 3 月，正是国内春回大地、万物复苏的时节，我却登上了飞往欧洲的航班，奔向北极圈内的冰雪世界——斯瓦尔巴群岛，追逐即将在北极附近发生的一次日全食。

○ 冰原上的黑太阳（摄影/陈海滢）

人类文明的北方边界

本次日全食仅在两个陆地区域可见，我们此行的目的地是其中之一——归属挪威管辖的斯瓦尔巴群岛。

斯瓦尔巴群岛位于斯堪的纳维亚半岛与北极点之间，跨越北纬74°~ 81° 。它是世界上少有的保存了原生自然的几片区域之一，岛

知识链接：

斯瓦尔巴条约

1920 年，英国、美国等 18 个国家在巴黎签订了《斯匹次卑尔根群岛行政状态条约》，即《斯瓦尔巴条约》。1925 年，中国、苏联等 33 个国家也加入了该条约。该条约使斯瓦尔巴群岛成为北极地区第一个，也是唯一一个非军事区。

○ 冰山与浮冰（摄影/陈海滢）

上 2/3 的面积都被保护起来，以维护其独特的动植物资源。此外，斯瓦尔巴还拥有全球最大的种子库，在人类面临全球性灾难时，保存在零下 18 ℃的地窖中的 1 亿颗来自世界各地的农作物种子，可以保证农作物的多样性。

斯瓦尔巴拥有世界最北的城市——朗伊尔城。几乎所有的北极研究站也都集中在斯瓦尔巴，位于西岸王湾冰川末端的新奥尔松云集了中国、挪威、法国等多个国家的北极科考站，成为了“国际科研村”。在这片 6.2 万平方千米的岛屿上，常住居民仅有不足 3000 人。

中国早在 1925 年就签署了《斯瓦尔巴条约》，因此，中国公民享有无需签证即可自由进出该群岛并进行生产经营活动的权利。当然，由于通往岛上的交通大都是从挪威本土出发，因此赴斯瓦尔巴旅行仍需要欧盟的申根签证。

创纪录的极北之城

斯瓦尔巴群岛的主要人口都集中在它的首府——朗伊尔城，这座位于北纬 78° 13′，全球地理位置最北的城市，拥有数不清的“世界最北”纪录，如最北的邮局、最北

○ 俯瞰斯瓦尔巴群岛（摄影 / 徐可意）

的大学，最北的博物馆以及最北的民航机场等。在从挪威到朗伊尔城的航线上，可以俯瞰斯瓦尔巴的冰山群、观赏北冰洋上的浮冰在阳光下闪烁，它足可跻身于世界最美的航线之列。

朗伊尔城有着最原始而最可靠的极地交通——狗拉雪橇，成群的

哈士奇被养在狗舍里，等待在冰原上奔驰；这里有一条十几千米长的公路，从城镇通往两翼的机场和极光观测站，甚至还运行着分属于两个公司的七辆出租车（价格自然可想而知，每千米要上百元）。这里还时常能见到在晚霞映衬下自由飞翔的小飞机，天空中还不时飘浮着热气球，而最方便的则是专门为极地设计的雪地摩托，它们纵横穿梭在冰原甚至雪山上，在身后留下一道道弧线。

○ 北冰洋上的暮光（摄影 / 陈海滢）

知识链接：
行走北极的自我保护和拍摄建议

1. 在户外要避免用裸露皮肤接触相机和三脚架的金属部件；为了操作相机方便，最好在防寒厚手套内部再戴上一双轻便的手套。

2. 要准备充足的备用电池。换下来的电池放入贴近身体的位置增温后可以恢复部分性能，也可使用外接移动电源为相机供电。建议使用相机保暖套进行防风保温，并可以使用暖宝片贴在机身上进行加热。

3. 将相机从室外带入室内时，水汽容易在相机上凝结为露和霜，可能损坏光学和电子设备，解决的方法是在进门前把相机放入摄影包或套上塑料袋隔绝空气，待相机与室内温度接近时再取出来。如果已经结霜，可以用吹风机反复加热相机至水汽完全消失。

4. 冰雪的反射率很高，拍摄时要在相机内部测光的基础上适当增加1~2档曝光，要注意观察直方图，使画面避免过度曝光，保留亮部细节。

5. 极地的苍茫容易让人失去尺度感，因此，在拍摄自然环境时，要尽量将人、房子、车辆等容易形成尺度感的元素包含进去，通过对比来突出自然的雄浑辽阔。

清晰而巨大的幻日（摄影/陈海滢）

○北斗、北极星与极光（摄影/陈海滢）

极地幻日与暮光

朗伊尔城每年的11月末至2月中为极夜，4月中至8月中为极昼。我们到来时，城市刚从极夜中苏醒，迎来日夜的正常交替。虽然是典型的极地冰原气候，但北大西洋暖流带来的热量让朗伊尔城三月份的最低气温也不过零下15 ℃左右，与同纬度的

其他地区相比，完全可以用“温暖湿润”来形容。由于空气中存在着大量冰晶，清晰而巨大的幻日在晴天随处可见，而当湿润的空气经过山峰时，由于温度下降，空气中的水分会凝结为荚状云，仿佛给山峰戴上一顶帽子，荚状云的边缘有时会出现亮丽的彩虹色，给纯洁得有些单调的冰原增加了一丝妩媚。

朗伊尔城极高的纬度使得太阳高度很低，即使在正午，太阳的高度角也不超过 12° ，全天几乎绕着

山顶爬行；日落后，暮光也不再稍纵即逝，而是成小时地展现，仿佛凝固在天边。即使在午夜，这里最暗的天光也不过相当于北京日落后一两个小时的亮度，曙光与暮光无缝衔接，始终不谢幕。

头顶北极星，南看北极光

为了拍摄星空，我们乘坐朋友租用的岛上唯一的悍马吉普车来到了几千米外的极光观测站，这里可

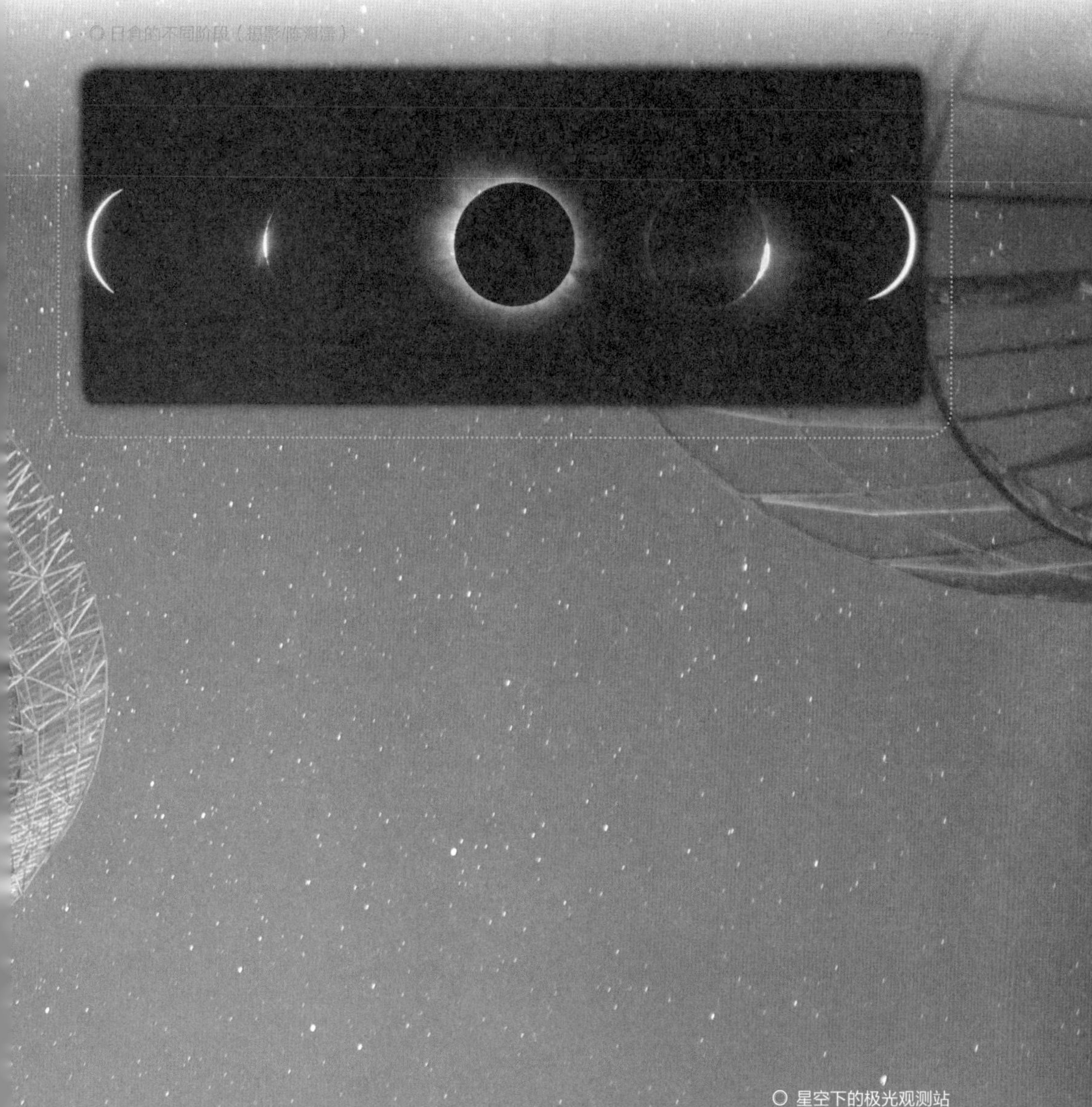

○ 日食的不同阶段（摄影/陈海滢）

○ 星空下的极光观测站

以俯瞰远方的朗伊尔城以及北冰洋。让我们印象最深的是，北极星几乎到了头顶，而城镇的光线将上方的云层照亮，与星空交相辉映。

明亮的天光不但让星光相形见绌，甚至也遮掩了极光，有意思的是，由于处在爆发期的极光圈已经扩大到欧洲大陆，我们在朗伊尔城遇到了向南看北极光的神奇现象。

天象皇冠上的明珠

日全食被称为“天象皇冠上的明珠”。日全食来临时，人类可以观测到平时无法看到的太阳高层大气，这是研究太阳色球和日冕的绝好机会；还可以研究太阳对地球的影响；观测掠日彗星和近日轨道的小天体。在科学史上，日全食为人们带来了许多重要的研究机会，从1868年氦元素的发现，到1919年爱因斯坦广义相对论的验证，都是因日全食而谱写出的浓墨重彩的华章。

在人类能够观察到的各种天象中，日全食几乎是最难见到的。20世纪仅发生了77次日全食，其中在中国可见的仅7次。据测算，对地球上任一个选定的地点而言，平均每隔410年才能看到一次日全食，这才催生了不惜远涉重洋、追逐日食的追日一族。我追的这次日全食发生在当地时间3月20日中午，全食带从格陵兰岛以南，经大西洋和北冰洋，终结于北极点。具有特殊意义的是，由于当日恰逢春分，北极点刚刚摆脱持续半年的极夜见到光明，就马上又恢复黑暗，这种巧合大约50万年才会发生一次。

日全食的观测很顺利。偏食开始后，天空亮度逐渐降低，临近上午11时11分，我们观察到月影从远方移来，太阳的最后一点光芒消失后，天空突然转为黑暗。原来太阳的位置上，暗黑的月轮外弥漫着银白色的光芒，这是温度高达百万摄氏度的太阳外层大气——日冕；隐约可见的淡红色光辉闪耀着，那是色球层上部气体猛烈运动所形成的气体喷泉——日珥。黑色的太阳如燃烧般挂在空中，居高临下俯视着白茫茫的冰原大地，散发着极致的美丽，让人有不虚此生的感觉。

对我而言，这一次成功观测到日全食并未成为终点，反而激励我以此为起点，继续追逐日食、星空和自然界的各种美丽。

○ 极北之城的午夜（摄影/陈海滢）

捕捉星星的轨迹
——星迹和延时拍摄攻略

撰文／詹想（北京天文馆）

因为地球的自转，星空有所谓的周日视运动，表现出来就是类似太阳那样东升西落的现象。如果是北天极附近的星星，则表现为绕北天极顺时针转圈。如果你固定不动、长时间曝光拍摄星空，星星就不再是一个点，而会拖成一条弧线，这就是星迹，也叫星轨。你是否也想捕捉到星星的轨迹？

○ 海坨山草甸上，月夜向北拍的约1小时星迹照片。中央几乎不动的亮星星是北极星，不过看得出来它离真正的北天极还有一段很小的距离。所有星星都绕着北天极转圈形成弧形的亮线

如何拍摄星迹

拍摄星迹照片非常简单。在当今数码时代，我们经常使用的是连拍叠加法。所谓连拍叠加法，就是单张用很短的曝光时间，用连拍的方法拍够总的时间，然后后期用软件叠加。

● 选择方位

对着哪个方向拍星迹最好呢？不同方向拍的星迹有不同的特点。最传统的方向是往北拍，将北极星放在横向居中的位置上，这样拍出来的星迹是以北天极为圆心的一道一道同心圆，看上去很有意境。

◎ 在国家天文台兴隆观测站，用鱼眼向东拍的星迹。左上和右下的星迹弧度越来越大，对应北天极和地平线下的南天极。

● 选择镜头

为了体现星迹的广阔壮美，推荐至少要用等效 28mm 以下的广角镜头进行拍摄。如果用等效 16mm 左右的超广角，甚至 8mm 鱼眼，结合不同的拍摄方位和地景，则可能会获得视觉冲击力更强烈或者更有意义的星迹照片。

● 月光和地景

拍摄星迹要注意地景的选择，如果没有地景，画面未免过于单调。不过，地景的占比不要太大，建议不要超过画面的 1/3，毕竟星迹才是表现的主体。

地景是剪影还是被照亮的状态，取决于环境情况和你的创作意图。

如果地景本身没有光，拍出来就是剪影。如果你想给地景打光，也很方便，只需要给其中一张打上光就行了，而不必一直打光。

不过，打光总是有局限性的，只能覆盖到较近的地景。只有月光可以给广阔的地景打光。同时，拍摄星迹并不需要天空很黑暗、星星特别多，所以月光不太强时是拍摄星迹的好时候。地景被照亮，层次丰富、色彩鲜明，天空中则是一道道排列得很有规律的星迹，整个画面想想都会觉得很美。

● 后期叠加

叠加星迹，推荐一个非常简洁好用的软件——Startrails（翻译过来就是“星迹”的意思）。软件虽然是英文的，但是功能很简单，一学就会。

延时的拍摄和后期制作

延时的拍摄和星迹的拍摄基本方法是一样的，也是单张曝光时间较短，然后连拍较长一段时间获得大量素材，再后期制作成视频。在这里，拍到的每一张照片其实相当于视频里的 1 帧。为了体现星空的壮美，相比于拍摄星迹，拍延时的曝光时间应该略短一些，同时光圈和感光度要有大幅度提升，这样才能在相对更短的时间里拍到更壮美的星空。

○ 这是延时素材的一帧，繁星满天，银河非常明亮，这样的延时才好看。曝光参数：等效17mm焦距，ISO6400，f/4.0，30秒，后期PS调亮

图书在版编目(CIP)数据

游学天下. 春 / 《知识就是力量》杂志社编. — 北京 : 科学普及出版社, 2017.6（2020.8重印）
ISBN 978-7-110-09567-6

Ⅰ. ①游… Ⅱ. ①知… Ⅲ. ①自然科学—科学考察—世界—青少年读物 Ⅳ. ①N81-49

中国版本图书馆CIP数据核字（2017）第142931号

总 策 划 《知识就是力量》杂志社
策 划 人 郭 晶
责任编辑 李银慧
美术编辑 胡美岩 田伟娜
封面设计 曲 蒙
版式设计 胡美岩
责任校对 杨京华
责任印制 徐 飞

出 版 科学普及出版社
发 行 中国科学技术出版社有限公司发行部
地 址 北京市海淀区中关村南大街16号
邮 编 100081
发行电话 010-62173865
传 真 010-62173081
网 址 http://www.cspbooks.com.cn

开 本 720mm×1000mm 1/16
字 数 197千字
印 张 9.5
版 次 2017年8月第1版
印 次 2020年8月第2次印刷
印 刷 天津行知印刷有限公司
书 号 ISBN 978-7-110-09567-6/N·230
定 价 39.80元

本书参编人员：李银慧、江琴、朱文超、房宁、王滢、王金路、纪阿黎、刘妮娜